Umweltgerechte Baustoffe

Graue Energie und Nachhaltigkeit von Gebäuden

Herausgeber:
Danny Püschel, Dr.-Ing. Matthias Teller

Mit Beiträgen von

Michael Abramjuk
Martin Behne
Michael Heide
Christoph Hey
Taco Holthuizen
Danny Püschel & Matthias Teller
Malte Reimer
Alexander Rudolphi
Harald Sterzenbach
Deutscher Naturwerkstein-Verband e.V.
Monier Group GmbH, Öko-Institut e.V.
PR-Agentur Große & Partner
Bergische Universität Wuppertal
Werner Sobek Stuttgart GmbH & Co. KG

SUSTAINUM
INSTITUT FÜR ZUKUNFTSFÄHIGES WIRTSCHAFTEN BERLIN

gute Baustoffe

gefördert durch
DBU Deutsche Bundesstiftung Umwelt
www.dbu.de

WERK STATT N PROJEKT 2012
Ausgezeichnet durch den NACHHALTIGKEITSRAT

Bibliografische Information der Deutschen Nationalbibliothek:
Die Deutsche Nationalbibliothek verzeichnet diese Publikation in der Deutschen Nationalbibliografie; detaillierte bibliografische Daten sind im Internet über www.dnb.de abrufbar.

ISBN (Print): 978-3-8167-8835-5
ISBN (E-Book): 978-3-8167-8836-2

Herstellung: Tim Oliver Pohl
Umschlaggestaltung: Martin Kjer, Fraunhofer IRB Verlag
Druck: BoD – Books on Demand, Norderstedt

Fraunhofer-Informationszentrum Raum und Bau IRB
Nobelstraße 12, 70569 Stuttgart
Telefon +49 711 970-2500
Telefax +49 711 970-2508
E-Mail irb@irb.fraunhofer.de
www.baufachinformation.de

Inhalt

1 Zur Einführung

Das Bauen und Bauwerke gehören zu den großen Ressourcenverbrauchern in unserer Gesellschaft. Die Energieeinsparung bei der Nutzung von Gebäuden war und ist ein wichtiges Thema, wenn es um den Klimaschutz und den sparsamen Umgang mit unseren endlichen Energieressourcen geht. Hier wurde in den vergangenen 20 Jahren viel bewegt. Mit der Energieeinsparverordnung (EnEV) und ihrer Novellierung wurden gesetzliche Rahmenbedingungen geschaffen und der Stand der Technik hat sich von der energiesparenden Bauweise hin zu Plusenergiehäusern entwickelt.

Gebäude dergestalt zu bauen bzw. zu sanieren, dass sie während ihrer Nutzung für eine gute Temperaturbehaglichkeit Luft- und Lichtqualität sorgen und wenig Energie benötigen – das ist die eine Seite der Medaille. Bisher kaum bis wenig beachtet wird die andere Seite. In wenigen Jahren werden wir für Neubauten bei einem Standard angekommen sein, der bewirkt, dass der Energieaufwand für den Bau von Gebäuden höher sein wird als jener für deren Betrieb über ihre gesamte Lebensdauer. Wen das überrascht, der wird in diesem Buch dafür deutliche Belege finden.

Produktionssektor	**Direkter und indirekter Ressourcenverbrauch 2000**	
	in Mio. t	**in %**
Bauleistungen	964	18
Nahrungs- und Futtermittel, Getränke	465	9
Metalle und Halbzeuge daraus	459	9
Energie (Elektro, Gas), Dienstleister der Energieversorgung	405	8
Kraftwagen und Kraftwagenteile	335	6
Chemische Erzeugnisse	269	5
Maschinen	211	4
Kohle, Torf	188	4
Erzeugnisse der Landwirtschaft, Jagd	183	3
Kokerei-, Mineralölerzeugnisse, Spalt-, Brutstoffe	157	3
Glas, Keramik, bearbeitete Steine und Erden	157	3
Steine und Erden, sonstige Bergbauerzeugnisse	136	3
Alle Produktionssektoren insgesamt:	**5.843**	**100**

Tabelle 1: Direkter und indirekter Ressourcenverbrauch nach Produktionssektoren [Quelle: Acosta 2007]

Eine Erweiterung der Sichtweise ist notwendig. Bei der Errichtung von Bauwerken ist weitaus mehr als bisher der Baustoff in den Blick zu nehmen. Der globale Verbrauch mineralischer Rohstoffe hat seit Beginn der Industrialisierung kontinuierlich zugenommen: von 10 Mrd. t im Jahr 1920 auf 50 Mrd. im Jahr 2000. Für 2030 wird ein Verbrauch von 100 Mrd. t prognostiziert [1]. Aus Tabelle 1 wird deutlich, dass der Bausektor für knapp ein Fünftel des Ressourcenverbrauchs verantwortlich ist – entsprechend hoch sind aber auch die Einsparpotenziale. Deshalb handelt dieses Buch zum ökologischen Bauen von guten Baustoffen – und damit sind jene Baustoffe gemeint, die zum Klima- und Ressourcenschutz beitragen, weil sie die Errichtung von Gebäuden in einer Form ermöglichen, die sowohl beim Bau als auch bei der Nutzung der Gebäude dem Leitbild der Nachhaltigkeit Rechnung trägt.

Gute Baustoffe zeichnen sich dadurch aus, dass sie einerseits den Bau von energieeffizienten Gebäuden ermöglichen, die die Gesundheit der Bewohner nicht beeinträchtigen. Sie zeichnen sich andererseits aber auch durch eine Materialwahl und Produktionsbedingungen aus, die ebenfalls zum Umwelt- und Klimaschutz beitragen. Letzteres ist bislang eher ein Mauerblümchen in der Baubranche. Dabei hat es reichlich Potenzial, in einigen Jahren zum Mittelpunkt der Aufmerksamkeit werden zu

müssen. Die Beiträge von Michael Heide, Martin Behne und den beiden Herausgebern dieses Buches machen das deutlich.
Die Erfahrungen von zahlreichen Architekten, Energietechnikern und Ingenieuren zeigen, dass Bauen mit besonders klimafreundlichen Baustoffen möglich ist. Mit zunehmender energetischer Effizienz der Gebäude gewinnt dies erheblich an Stellenwert. Ein Handlungsfeld, das dabei aber noch weitestgehend unerschlossen ist und erheblichen Diskussionsbedarf bietet, ist das richtige Verhältnis von der Gebäudetechnik zur Bausubstanz. Bei der energetischen Optimierung eines Gebäudes gibt es schließlich zwei Optionen: Zum einen kann man den Gesamtverbrauch an fossilen Energieträgern durch eine effektive Anlagentechnik und die Nutzung erneuerbarer Energiequellen reduzieren. Beispielhaft ist hier die Installation von Solar-Panels oder der Einsatz einer intelligenten Haustechnik. Zum anderen können natürlich auch erhebliche Einsparpotenziale über die Gebäudesubstanz selbst realisiert werden. Der Architekt Taco Holthuizen setzt sich in seinem Beitrag zu EnergiePlus-Fassaden damit auseinander, dass in vielen Niedrigenergiehäusern, die Betriebsenergie auf Kosten eines höheren Materialaufwandes und damit einem Mehr an grauer Energie reduziert wird. Er untersucht die Frage nach dem optimalen Verhältnis von grauer Energie und Betriebsenergie, das zu einer Minimierung der Gesamtenergie beiträgt.
Christoph Hey, Michael Abramjuk und Malte Reimer machen in ihren Beiträgen deutlich, dass bereits heute Häuser mit einer hohen Gesamtenergieeffizienz gebaut werden können, ohne sich ökonomisch ins Abseits zu begeben. Die am Ende des Buches zusammengestellten Modellbauwerke lassen zudem ahnen, dass wir es hier nicht mit Ausnahmeerscheinungen zu tun haben, sondern mit Trends setzenden Planern und Architekten, die früher als andere erkannt und umgesetzt haben, welche Form des Bauens sich in der Breite entfalten muss.
Der Bilanzierungsexperte Alexander Rudolphi warnt diesbezüglich eindringlich vor Universallösungen und Dogmen. Er fordert ein genaues Hinschauen. Denn einerseits kann ein vermeintlich als umweltfreundlich eingestufter Dämmstoff ein weit höheres Treibhauspotenzial aufweisen als seine Alternativen. Andererseits stecken die Herausforderungen auch hier im Detail. Falsch ausgeführte Holzhäuser verspielen ihre energetischen Einspareffekte. Alexander Rudolphi propagiert die Rolle eines innovativen Skeptikers, um nicht zu den besten, sondern zu besseren Lösungen zu gelangen. Diese sind im Endeffekt immer von der individuellen Betrachtung eines Gebäudes abhängig, und müssen fallspezifisch mit all seinen ökologischen, wirtschaftlichen aber auch sozialen Parametern ermittelt und abgewogen werden. Wie ein solches ganzheitliches Bilanzierungssystem entwickelt werden kann, legt er überzeugend dar.
Dass die Güte eines Baustoffes aber auch noch von anderen Parametern abhängig ist, macht Harald Sterzenbach mit seinem Beitrag deutlich. Wenn im Innenbereich Polyurethan, PVC und Materialien mit potenziell hoch toxischen Brandgasen eingesetzt werden, dann ist das fahrlässig. Aber auch im Außenbereich sollte Polystyrol zu Dämmzwecken nur das letzte Mittel der Wahl sein. Mehr noch – würden unsere Regularien, wie die Energieeinsparverordnung, flexibler beschaffen sein, hätten sehr gute Alternativen, wie zum Beispiel der Wärmedämmputz, eine weitaus bessere Chance am Markt.
Anhand der Ergebnisse dreier Studien zur Ökologie von Baustoffen und einer Übersicht ausgewählter Modellbauwerke werden die Ergebnisse der vorangegangenen Beiträge noch einmal exemplifiziert.

In der Gesamtenergiebilanz (graue Energie plus Betriebsenergie, betrachtet über den Lebenszyklus) spielen sowohl der Einsatz der Haustechnik als auch die richtige Auswahl der Baustoffe eine wichtige Rolle. Das Optimum bestimmt sich dabei vor allem in Abhängigkeit von der angestrebten Nutzungsdauer der Gebäude. Diese kann potenziell schon während der Planung deutlich erhöht werden, wenn die Gebäude ein entsprechend flexibles Nutzungskonzept aufweisen. Das klingt einfach und ist es im

Grunde auch. Häuser mit niedriger Gesamtenergiebilanz zu bauen ist keine Kunst, die den ganz grünen unter den Planern vorbehalten ist. Man muss eigentlich nur konsequent wirtschaftlich denken und die Mühe auf sich nehmen, sich bezüglich der Baustoffauswahl etwas umzuschauen.

Hilfreich ist in diesem Zusammenhang eine bessere Informationspolitik, die die Vorteile des energieeffizienten Bauens stärker in die öffentliche Wahrnehmung trägt und das oft dominierende Alltagsbewusstsein von derzeit bestehenden Fehlannahmen befreit.

Dieses Buch ist ein Beitrag zu der Erweiterung des Verständnisses, was ökologisches Bauen ist. Sein Zustandekommen wäre ohne die Förderung im Rahmen des Projekts GENET (Innovationsnetzwerk graue Energie im Baubereich) durch die Deutsche Bundesstiftung Umwelt (DBU) nicht möglich geworden. Ausgezeichnet wurde das Projekt als offizielles Werkstatt-N-Projekt 2012 durch den Rat für Nachhaltige Entwicklung der Bundesregierung. Die meisten Beiträge[1] dieses Jahrbuchs wurden als Vorträge auf einer Fachtagung im April 2011 in der Knobelsdorff-Schule – Oberstufenzentrum Bauchtechnik I – in Berlin-Spandau gehalten.

Literatur

[1] Lutz, C., Giljum, S. (2009): Global resource use in a business-as-usual world until 2030. In: Bleischwitz, R./Welfens, P. J. J./Zhang, Z. X. (Hrsg.), Sustainable Growth and Resource Productivity. Economic and Global Policy Issues. Sheffield.

gefördert durch

DBU Deutsche Bundesstiftung Umwelt

www.dbu.de

1 Die Beiträge von Michael Abramjuk, Martin Behne, Michael Heide, Christoph Hey, Taco Holthuizen, Malte Reimer, Alexander Rudolphi und Harald Sterzenbach sind nicht von den Autoren selbst verfasst, sondern stellen Mitschriften ihrer Vorträge dar.

2 Klima- und Ressourcenschutz durch Reduzierung der grauen Energie[1]

Danny Püschel, Dr.-Ing. Matthias Teller

Im Folgenden möchten wir einen Weg aufzeigen, wie ein Unternehmen neben den bereits bekannten und schon oft beschriebenen Maßnahmen weitere Beiträge zum Schutz unseres Klima und der endlichen Ressourcen leisten kann.
Das Reizvolle an diesem Weg ist, dass es hierfür nicht zusätzlicher Anschaffungen oder größerer Umstellungen im Betrieb bedarf. Indem das Unternehmen lediglich bei der Beschaffung die nachfolgend beschriebene graue Energie im Blick hat, kann es im Rahmen seiner gesellschaftlichen Verantwortung den Klima- und Ressourcenschutz unterstützen.

2.1 Graue Energie

Was ist der Unterschied zwischen einer Erdbeere im Juni und einer Erdbeere im Dezember? Nun, wenn wir mal vom Geschmack und vom Preis absehen, eigentlich keiner. Das zumindest sollte man annehmen. Doch stammt die Erdbeere im Juni höchstwahrscheinlich von Obstbauern aus der Region, oder gar aus dem eigenen Garten. Im Dezember hingegen muss die Erdbeere entweder von der Südhalbkugel importiert oder in Gewächshäusern angepflanzt und geerntet werden. Sie hatte also eine extrem weite Anreise – wahrscheinlich mit dem Flugzeug – oder sie wurde für ihr Wachstum künstlich beleuchtet und beheizt. Das sieht man der süßen Frucht aber nicht an. Transport, Beleuchtung und Beheizung sind aber mit Energieaufwand (und natürlich entsprechenden CO_2-Emissionen) verbunden. Da der Energieaufwand gewissermaßen in dem Produkt über seinen gesamten Lebenszyklus (siehe Abbildung 1) versteckt ist, wird diese Energiemenge, die für Herstellung, Transport, Lagerung, Verkauf und Entsorgung eines Produktes oder einer Dienstleistung notwendig ist, als »graue Energie« bezeichnet, eben weil sie im Produkt »verborgen« und für den Konsumenten nicht direkt sichtbar ist. Für eine komplette Menge dieser grauen Energie müssen auch alle Vorprodukte bis zur Rohstoffgewinnung berücksichtigt und der Energieeinsatz aller angewandten Produktionsprozesse addiert werden.

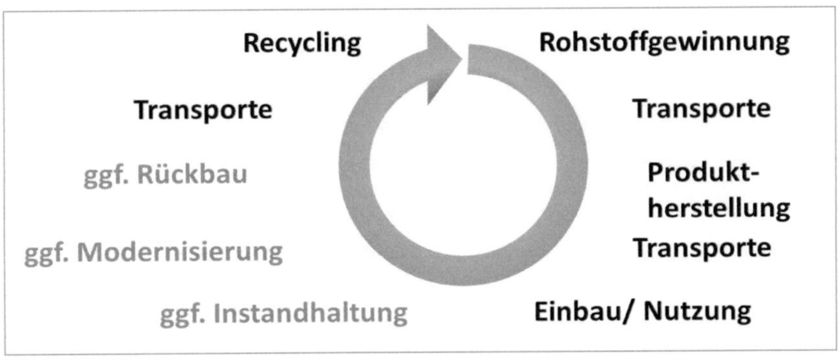

Abbildung 1: Lebenszyklus eines Produktes – »von der Wiege bis zur Bahre«

Graue Energie steckt also in jedem Produkt – sei es ein Bleistift, eine Tafel Schokolade oder ein Auto. Für den Konsumenten ist sie nicht direkt erkennbar, hat aber Einfluss auf den Produktpreis. Selbst Dienstleistungen wie das Haareschneiden oder die Nutzung des Internets beinhalten versteckte Ener-

1 Dieser Beitrag entspricht größtenteils dem Kapitel 12 in Grothe, A. (Hrsg.): Nachhaltiges Wirtschaften für KMU. München: oekom Verlag, 2012, S. 151–169

gie. Graue Energie ist die Summe der Primärenergien, die für die Bereitstellung des Produkts oder der Dienstleistung aufgewendet werden müssen [1]. Der Zusammenhang mit endlichen Ressourcen und der allgegenwärtigen Klimaproblematik liegt auf der Hand, denn unmittelbar mit grauer Energie verbunden sind Verbräuche von Primärenergieträgern und auch die sogenannten »grauen Emissionen« von Kohlendioxid (CO_2) und anderen Treibhausgasen. Da die graue Energie als Umweltindikator während der Herstellung und Verarbeitung viele Aspekte, wie Rohstoffverbrauch oder Umweltbelastung, ausreichend genau abbildet, kann auf viele Vorgaben für die Ermittlung der Umweltbelastung verzichtet werden [2, S. 29].

Die soeben formulierte Definition der grauen Energie ist nicht Konsens. Unsere Nachbarn in der Schweiz, die uns in der Berücksichtigung der grauen Energie weit voraus sind, definieren die graue Energie als die Summe der nicht erneuerbaren Primärenergien, die für die Bereitstellung eines Produktes oder einer Dienstleistung eingesetzt werden muss. Diese Unterscheidung zwischen erneuerbaren und nicht erneuerbaren Energieträgern ist unseres Erachtens nicht sinnvoll. Im Sinne einer konsequenten Energieeinsparung sollte die Quelle der Energie bei den Einsparzielen und -möglichkeiten keine Rolle spielen. Zunächst geht es darum, die graue Energie durch Prozessoptimierung und kluge Rohstoffauswahl generell auf ein Minimum zu reduzieren. Der restliche Energieaufwand für Herstellung, Verarbeitung, Transport etc. ist dann durch erneuerbare Energien zu decken. Dieser Ansatz führt zu einer konsequenten Senkung des Energiebedarfs – und damit der grauen Energie – und sorgt für eine drastische Reduzierung der mit der Produktion verbundenen Treibhausgasemissionen. Eine alleinige Berücksichtigung der nicht erneuerbaren Anteile an der grauen Energie kann dazu führen, dass der Anteil der erneuerbaren Energie an der grauen Energie sehr hoch sein kann. Dadurch werden Energieressourcen gebunden, die an anderer Stelle fehlen. Dies würde in einer ganzheitlichen Betrachtung nicht zu Energieeinsparungen führen.

Zusammenfassend kann festgehalten werden, dass die graue Energie ein Maß für den Verbrauch an endlichen, erneuerbaren und nicht erneuerbaren Ressourcen sowie ein Indikator für die mit dem Energieverbrauch verbundenen Umweltbelastungen ist.

2.2 Beispiele für graue Energie [3]

Um sich den Stellenwert der grauen Energie und die damit verbundenen Einsparpotenziale an Primärenergie und an Emissionen zu vergegenwärtigen, ist es hilfreich, einige Beispiele zu betrachten:

- Für die Herstellung eines Autos (einschließlich der Herstellung von Rohstoffen wie Stahl, Aluminium und Kunststoffen; aber auch die Lackierung von Fahrzeugen ist sehr energieintensiv) werden typischerweise einige 10.000 Kilowattstunden Energie benötigt – und natürlich besonders viel für schwere Fahrzeuge wie die »Stadt-Jeeps«, »SUVs« und Geländewagen. Dennoch ist die für den Betrieb des Fahrzeugs benötigte Energie (meist in Form von Kraftstoff) derzeit noch deutlich höher als die graue Energie für deren Herstellung.
- Lebensmittel, wie die oben beschriebene Erdbeere, die mit dem Flugzeug über weite Strecken befördert wurden, sind zum Teil sehr stark mit grauer Energie belastet, während der Energieaufwand für regional erzeugte Nahrungsmittel im Vergleich dazu meist gering ist. Aber auch deren Herstellung ist teilweise sehr energieaufwändig wegen des Einsatzes von schweren Maschinen und Kunstdünger.
- Der Gebäudebau benötigt sehr große Mengen von grauer Energie. Bei energetisch optimierten Gebäuden wie Passivhäusern kann die graue Energie bereits einen wesentlichen Teil des Gesamtenergieaufwands (inkl. Betrieb) über die Lebensdauer ausmachen, während bei energetisch ungünstigen Bauten der Energieverbrauch während des Betriebes stark überwiegt. Durch eine be-

wusste Auswahl der Bauform und der Baumaterialien kann die graue Energie erheblich reduziert werden. Es ist ohne Weiteres möglich, energieoptimierte Gebäude zu bauen, ohne einen erhöhten Einsatz grauer Energie im Vergleich zu konventionellen Bauten in Kauf nehmen zu müssen.

- Die Herstellung oder Gewinnung und Veredelung diverser wertvoller Materialien, wie Gold, Platin und Diamanten, ist extrem energieaufwendig.
- Einwegflaschen aus Glas sind sehr energieintensiv, auch wenn sie zu 100 % aus Recycling-Glas bestehen, denn das Recycling erfordert das Einschmelzen des Glases (bei sehr hohen Temperaturen). Bei anderen Materialien, wie z.B. PET oder Aluminium, sind zwar die Rohstoffgewinnung und -verarbeitung sehr energieintensiv, aber das Recycling deutlich weniger (weil geringere Stoffmengen auf weniger hohe Temperaturen aufgeheizt werden müssen). In diesen Fällen hängt also die Energiebilanz sehr stark davon ab, für welche Materialien ein Recycling wie konsequent praktiziert wird.

Produkt	Graue Energie	Anmerkung
1 kg Schokolade	2,5 kWh	äquivalente Emission: 1,1 kg CO_2
1 Paar Schuhe	8 kWh	äquivalente Emission: 3,6 kg CO_2
2 Aluminium-Getränkedosen	10 kWh	entspricht dem Tagestrombedarf eines Vier-Personen-Haushalts
Beton	530 kWh/m^3	äquivalente Emission: 233,2 kg CO_2
Backstein	780 kWh/m^3	äquivalente Emission: 343,2 kg CO_2
1 PC	3.000 kWh	1,5 t Rohstoffe
1 Auto (Kompakt-Klasse)	30.500 kWh	äquivalente Emission: 15.000 kg CO_2

Tabelle 2: Beispiele von Produkten und deren grauer Energie [4]

Wenn man die graue Energie nicht berücksichtigt, kann häufig ein falsches Bild der Wirklichkeit entstehen. Die Schweiz gilt beispielsweise im Vergleich mit anderen Industrieländern im Allgemeinen als relativ klimafreundlich, da die äquivalenten Pro-Kopf-Emissionen von Kohlendioxid (CO_2) mit 7,2 t jährlich (Stand 2004) deutlich unter den von Ländern wie Deutschland liegen. Eine detaillierte Studie des Bundesamts für Umwelt (BAFU) der Schweiz ergab jedoch ein völlig anderes Resultat. Allein schon den Importen von Gütern aus Deutschland in die Schweiz sind CO_2-Emissionen von über 10 Mio. t jährlich anzulasten. Dem gegenüber stehen die jährlichen inländischen Emissionen der Schweiz von 53 Mio. t CO_2. Wenn also beispielsweise ein Auto in Deutschland hergestellt und in die Schweiz exportiert wird, müssen die Emissionen aus der Herstellung der Schweiz und nicht Deutschland angelastet werden. Werden alle Importe und Exporte, d.h. auch alle »grauen Emissionen« berücksichtigt, kommt die Schweiz auf ca. 12,5 t CO_2-Äquivalenten pro Kopf und Jahr und liegt somit in etwa beim Durchschnitt der Werte der OECD-Länder [3].

Das Statistische Bundesamt Deutschlands errechnete, dass die Energieintensität der Waren im Jahr 2008 bei den Bereichen des produzierenden Gewerbes im Durchschnitt bei 9,6 MJ/EUR lag [5]. Das heißt im gesamtwirtschaftlichen Mittel verursacht jeder Euro, den ein Endverbraucher ausgibt, circa 2,5 Kilowattstunden (1 kWh = 3,6 MJ) an »grauer Energie« (ausgenommen direkter Kauf von Energie). Besonders intensiv wurde im Bereich »Metallerzeugung und -bearbeitung« (40,8 MJ/EUR) und »Chemische Erzeugnisse« (41,9 MJ/EUR) Energie genutzt. Weniger intensiv wird bei den »Dienstleistungen« Energie eingesetzt. Im Durchschnitt waren es 2,2 MJ/EUR. Die höchste Intensität weist dabei der Bereich »Verkehr und Nachrichtenübermittlung« mit 10,1 MJ/EUR auf [5, S. 47].

Diese etwas ausführlich behandelten Beispiele sollen verdeutlichen, dass allein im Hinblick auf die graue Energie ein bewusster Einkauf bzw. eine bewusste Beschaffung von Gütern und Dienstleistungen erhebliche Energie- und damit auch Ressourceneinsparungen zur Folge haben kann.

2.3 Einsparmöglichkeiten

Das neue Auto verbraucht weniger als fünf Liter Benzin auf 100 Kilometer, die neue Waschmaschine ist Effizienzklasse »A+«. Aber wie viel graue Energie bei der Herstellung von Auto und Waschmaschine verbraucht wurden, wird beim Kauf meist verschwiegen, obwohl auch die graue Energie die Umwelt und das Klima belastet (hat). Mit ein paar einfachen Grundregeln ist es jedoch leicht möglich, die graue Energie beim Einkauf zu reduzieren:

- Regionalen, saisonalen Lebensmitteln und heimischen Produkten den Vorzug geben.
- Nutzungsdauer erhöhen, Neuanschaffungen überdenken. Bei Elektro- und Elektronikgeräten an Langlebigkeit und Reparaturmöglichkeit denken und diese auch nutzen – nicht immer sofort wegwerfen und neu kaufen. Die graue Energie eines Kühlschranks entspricht beispielsweise der Energie für ca. sieben Jahre Betriebnahme.
- Wiederverwerten und Wiederverwenden: z.B. nicht mehr benutzte Elektronik oder Kleidung verschenken oder verkaufen.

Ganz besonders große Einsparpotenziale für graue Energie bieten sich im Baubereich. Bauwerke zählen zu den größten von Menschen bewegten Materialmassen. Folglich benötigen sie durch Abbau und Transport der Rohstoffe, Prozessierung und Transport der Baumaterialien, Errichtung, Instandhaltung und schließlich Rückbau des Gebäudes und Entsorgung oder-Recycling der Baustoffe sehr große Mengen an Energie. Ein Beispiel:

- Beim Bau eines Einfamilienhauses (Beispiel: 207 m^2 Wohnfläche, ca. 110 m^2 Kellernutzfläche; Holzbauweise vs. Ziegelbauweise) kann man enorme Mengen an grauer Energie einsparen – 150.000 kWh sind z.B. völlig realistisch bei entsprechender Wahl der Bauweise. Denn der Energieeinsatz bei Ziegelbauweise ist in diesem Beispiel um ca. 30 % höher als bei Holzbauweise (gerechnet ohne Keller). Rund 25 % des Energieeinsatzes im Laufe der Lebensdauer des Gebäudes von 60 Jahren entfallen auf die Herstellung des Kellers, 14 % (Holzbauweise) bzw. 18 % (Ziegelbauweise) auf den Aufbau und rund 60 % auf die Beheizung. Das Gebäude im Beispiel verbraucht in rund 40 Jahren jene Energiemenge für die Beheizung, die zur Herstellung des Gebäudes erforderlich waren [6].

Wegen dieser großen Einsparpotenziale wird im Weiteren die Bedeutung der grauen Energie im Baubereich eingehender behandelt. Neben Details zur Ermittlung der grauen Energie von Gebäuden wird auch auf das Einsparpotenzial des Bausektors insgesamt eingegangen.

2.4 Graue Energie im Bausektor

Erstellung, Unterhaltung und Nutzung von Gebäuden und die dafür notwendige Infrastruktur sind in großem Umfang für die menschlichen Eingriffe in die Natur, für großen Ressourcenverbrauch und hohen Energieaufwand verantwortlich. Neben dem Energiebedarf für die Temperaturbehaglichkeit und Lüftung von Räumen und deren Versorgung mit warmen Wasser sind drei weitere Positionen im Energiebudget eines Gebäudes von Bedeutung: die graue Energie, die elektrische Energie für Beleuchtung und Geräte sowie die durch das Gebäude induzierte Mobilität. Nachhaltig bauen setzt einen weiten Blick voraus.

In unserer gebauten Umwelt – in Gebäuden und Anlagen – steckt viel Energie. Typische Werte grauer Energie liegen für Gebäude zwischen ca. 400 und 1.400 kWh je m^2 Geschossfläche respektive zwischen ca. 15 und 45 kWh pro m^2 und Jahr [7] und damit in etwa auf dem Niveau der Betriebsenergie von energieeffizienten Bauten, beispielsweise von Niedrigenergie- und Passivhäusern. Der Vergleich macht deutlich, dass die notwendige Energie für die Herstellung der Baustoffe, die gesamten Errichtung eines Gebäudes sowie den späteren Rückbau und die Entsorgung keineswegs eine vernachlässigbare Größe darstellt (siehe Abbildung 2). Gemäß der Dokumentation SIA 0216 [8] entspricht schon heute die im deutschen Gebäudebestand gebundene Menge an grauer Energie etwa der Menge an Energie, die dieser Bestand in weit über 20 Jahren zum Betreiben benötigt (Heizen, Warmwasser, Strom, Lüftung usw.).

Mit der zunehmenden energetischen Sanierung und hinzukommenden Neubauten mit hohem Wärmedämmungsstandard wird die Bedeutung der grauen Energie in den Phasen Bau und Rückbau weiter ansteigen. Bei Energie gewinnenden Gebäuden macht die graue Energie 100 % von deren Energieaufwand aus, denn seine Betriebsenergie erzeugt ein solches Haus selbst.

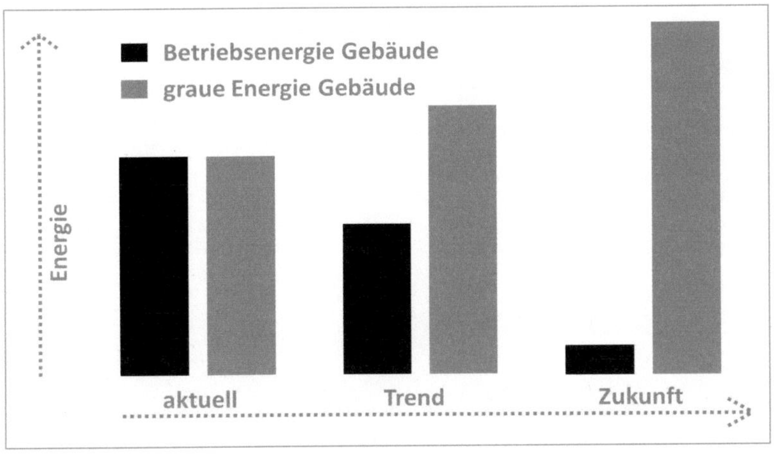

Abbildung 2: Verhältnis (qualitativ) von grauer Energie zur Betriebsenergie von Gebäuden

Schaut man sich die Verteilung der grauen Energie in Gebäuden an, fällt auf, dass ein Großteil der grauen Energie eines Gebäudes im Rohbau, also in den tragenden Strukturen, gebunden ist [9]. Die anderen Bereiche (siehe Abbildung 3) sind aber keinesfalls zu vernachlässigen. Im Folgenden soll erläutert werden, wie die graue Energie von Bauwerken ermittelt werden kann und welche Einflussmöglichkeiten auf ihre Reduzierung existieren.

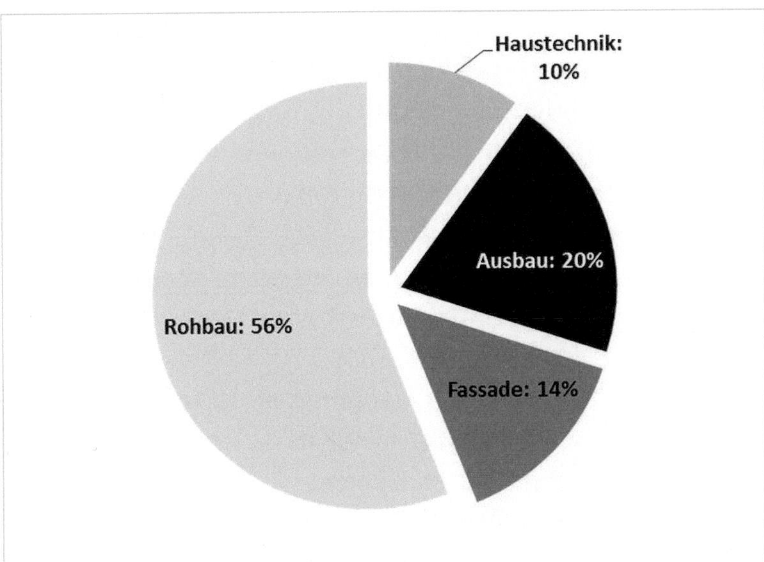

Abbildung 3: Verteilung der grauen Energie auf die verschiedenen Gewerke eines Gebäudes [Quelle: nach [9]]

2.5 Berechnung der grauen Energie

Die graue Energie eines Gebäudes entspricht der Summe der entsprechenden Werte aller Bauteile, also auch jener, die nach Ablauf der jeweiligen Nutzungsdauer als Ersatz hinzukommen. Ebenso ist der Aufwand für den Rückbau des Gebäudes zur grauen Energie zuzurechnen. Die Betriebsenergie (der Stoff- und Energieeinsatz für Betrieb und Unterhalt des Gebäudes) gehören nicht dazu. Die Grundstücksgrenze oder die Außenabmessungen einzelner Gebäudeteile gelten in der Regel als räumliche Bilanzgrenze. Um die graue Energie einzelner Bauteile zu ermitteln, müssen die Abmessungen oder Massen der einzelnen Bauteile (und ggf. ihrer einzelnen Komponenten) mit den spezifischen Werten der grauen Energie der verwendeten Baustoffe multipliziert werden. Diese Werte können aus bestimmten Datenbanken oder Listen entnommen werden[2].

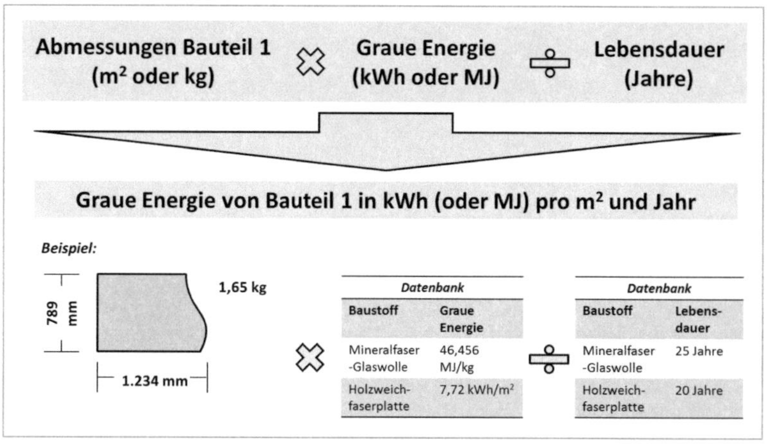

Abbildung 4: Berechnung der grauen Energie eines Bauteils in kWh/m²Jahr [Quelle: eigene Darstellung]

Um die Vergleichbarkeit der grauen Energie verschiedener Gebäude zu ermöglichen, ist es notwendig eine Normierung durchzuführen.

Die unterschiedliche Größe von Gebäuden erfordert dabei, dass eine Normierung auf die Fläche (Bruttogeschossfläche BGF) angestellt wird. Die unterschiedliche Lebenserwartung von Gebäuden oder Bauteilen erfordert für die Vergleichbarkeit eine Normierung auf die Zeit. Wenn ein Haus beispielsweise eine Lebenserwartung von 50 Jahren hat, muss die gesamte graue Energie auf diese 50 Jahre verteilt werden. Für ein Haus mit einer Lebenserwartung von 80 Jahren ergibt sich bei gleicher absoluter grauer Energie (und Fläche) natürlich eine spezifisch geringere graue Energie. Sollten einzelne Bauteile eine geringere Nutzungsdauer als das Gesamtbauwerk haben (z.B. Wand- und Bodenbeläge, Installationen, Fenster und Türen), gehen auch die Erneuerung/Instandsetzung dieser Bauteile in die Bilanzierung ein. Bei Bauteilen mit Verbundwerkstoffen und mit unterschiedlicher Lebensdauer der einzelnen Werkstoffe ist die jeweils kürzeste Dauer ausschlaggebend.

Als Kennwerte ergeben sich dadurch letztendlich die Werte zur grauen Energie (und korrespondierend zu den Treibhausgasemissionen) für die Erstellung des Gebäudes pro m^2 Geschossfläche und Jahr.

Um den Wert der grauen Energie eines Gebäudes hinreichend genau ermitteln zu können, den Berechnungsaufwand für die graue Energie aber zu beschränken und handhabbar zu machen, können eine Reihe von Vernachlässigungen und Vereinfachungen im Berechnungsverfahren genutzt werden [1, S. 2]. Aufgrund ihres geringen Anteils (von einigen Prozenten) an der gesamten grauen Energie

2 Datenbanken und sonstige Quellen: z.B. WECOBIS, Ökobau.dat, DGNB-Navigator, ecoinvent, gutebaustoffe.de, bauteilkatalog.ch, ibo.at, u. a.

eines Gebäudes sind die Transporte zur Baustelle ebenso vernachlässigbar wie der Aufwand für den Baustellenbetrieb. Aufgrund des geringen Einflusses auf die Gesamtsumme können auch Treppen und Schächte, Türen und Türzargen sowie kleinere Bauteile (wenn sie in kleiner Anzahl vorkommen) in der abschätzenden Berechnung unberücksichtigt bleiben. Dies gilt auch für Elektro- und Sanitärinstallationen. Die die Installationen umgebenden Decken und Wände gehen dann ohne Abzüge der Aussparungen in die Berechnung ein [1, S. 3].

2.6 Einsparpotenzial

Bau und Nutzung von Gebäuden tragen weltweit mit knapp 40 % zum CO_2-Ausstoß bei. Würden nur im deutschen Bausektor 10 % der grauen Energie eingespart, könnten mindestens 230.000 GWh Energie gespart werden. Das entspricht der Leistung eines modernen Steinkohlekraftwerks (Leistung von 1.200 MW) in 25 Jahren und einer jährlichen Einsparung von bis zu 6,5 Mio. t CO_2. Ein Vergleich von konventionellen Baustoffen mit Baustoffen gleicher bauphysikalischer Eigenschaften aber geringerer grauer Energie macht deutlich, dass 30 % Einsparung an grauer Energie realistisch sind. Demnach sind knapp 20 Mio. t CO_2-Einsparung jährlich möglich. Das sind ca. 10 % der Einsparung, die als Ziel der Bundesregierung bis 2020 realisiert werden müssen [22].

2.7 Einflussmöglichkeiten auf Reduzierung der grauen Energie von Bauwerken

Um eine effektive Reduzierung der grauen Energie bei der Bauwerkserstellung realisieren zu können, müssen bereits bei den ersten Überlegungen die Einflussmöglichkeiten genutzt werden. Im weiteren Planungsfortschritt nehmen diese Möglichkeiten rapide ab. Einen wichtigen Einfluss auf den Gehalt an grauer Energie haben:

- die konstruktive Gestaltung
- die Werkstoffauswahl
- die (Bau-)Ausführung und der Rückbau.

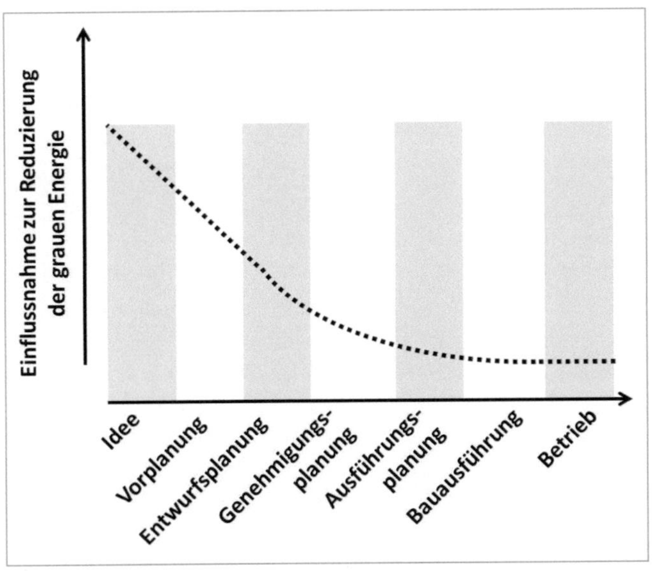

Abbildung 5: Einflussnahme zur Reduzierung der grauen Energie im Gebäudelebenszyklus [9]

Die Abbildung 5 verdeutlicht die Einflussnahme-Möglichkeiten zur Reduzierung der grauen Energie im Gebäudelebenszyklus. In den Phasen »Idee« und »Vorplanung« werden die für die graue Energie des Bauwerks maßgeblichen Entscheidungen getroffen.

Die Schweiz ist mit ihrer MINERGIE-Zertifizierung internationaler Vorreiter in Sachen nachhaltiges Bauen. 2006 wurde dort das Label MINERGIE-ECO® mit dem Hauptaugenmerk auf Gesundheit und Bauökologie eingeführt. Die Kriterien zur Erfüllung der Ansprüche dieses Labels wurden in der Anpassung 2011 viel stärker auf die Projektphase gelegt. Die Erfahrung aus den vorhergehenden Zertifizierungen hatte gezeigt, dass dort die größten Hürden für die nachhaltige Gestaltung eines Hauses liegen, weil die konzeptionellen Anteile daran den höchsten Einfluss haben [2, S. 30].

Einflussmöglichkeiten auf die graue Energie durch die konstruktive Gestaltung

Für ein lebenszyklusgerechtes Planen und Bauen ist der gebäudebezogene Materiallebenszyklus zu betrachten, vgl. [9]. Bei der konstruktiven Gestaltung sind folgende Punkte zu beachten:

- Leichtbauweise anwenden
- reduzierte Erdbewegungen
- Lebensdauer maximieren
- Weiterverwendbarkeit der Bauteile durch Nutzung reversibler Verbindungen ermöglichen
- Integration von Revisionsmöglichkeiten
- Verwendung von Standardmaßen und vorgefertigten Bauteilen
- Differenzierung je nach angestrebter Lebensdauer.

Die graue Energie eines Gebäudes wird maßgeblich durch die Ausführungsart und die Größe beeinflusst, d.h. durch die Wahl zwischen Leichtbau und Massivbau auf der einen Seite – und kompakter vs. nicht kompakter Bauweise auf der anderen Seite. Kombiniert mit verdichtetem Bauen, hoher Kompaktheit und hoher konstruktiver Effizienz kann eine Reduzierung der grauen Energie auf die Hälfte ermöglicht werden [10].
Weiterhin ist sowohl in Bezug auf die Kosten als auch in Bezug auf den Herstellungsenergieverbrauch der Anteil durch die Fassade in der Regel hoch. Vor allem transparente Elemente stellen flächenbezogen die energieaufwendigsten Bauteile dar. Daher sollte ihr Einsatz immer auch mit einer Zusatzfunktion verbunden sein. Bei Fassaden wären die z.B. verbesserte Tageslichtnutzung oder solare Energiegewinnung sinnvoll. Aufgrund der hohen Witterungsbeanspruchung ist das Fassadenbaumaterial besonders vom Verschleiß betroffen. Dies sollte durch eine entsprechende konstruktive Ausbildung der Fassade berücksichtigt werden.

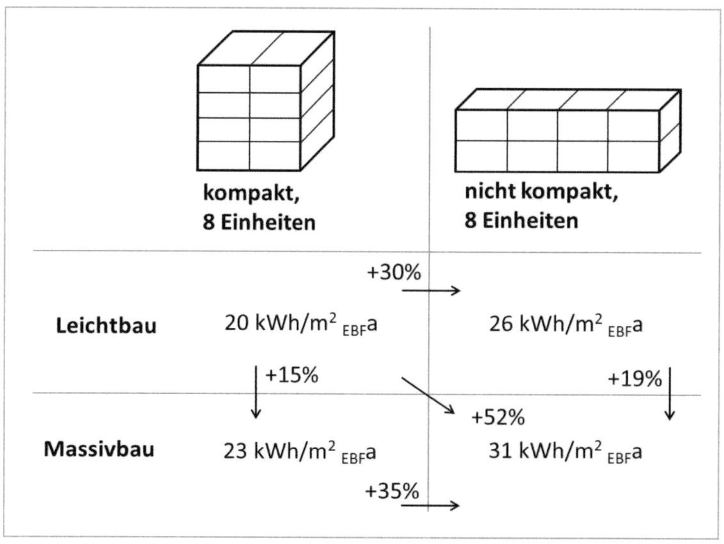

Abbildung 6: Einfluss von Form und Größe eines Bauwerks auf die graue Energie [Quelle: nach Hansruedi Preisig, SIA, aus dem Vortrag Martin Zeumer: »Nachhaltiger Materialeinsatz. Graue Energie im Lebenszyklus.«, dena-Energieeffizienzkongress 2010.]

So reduzieren einfache Dach- und Fassadenformen den Aufwand an Detailanschlüssen, die in der Regel einer deutlich höheren grauen Energie bedürfen als flächige Elemente (Zeumer et al. 2009). Auch bei vorgehängten Fassaden kann durch eine optimierte Materialauswahl (z.B. nach Stärke) das Gewicht reduziert werden. Das führt auch dazu, dass der Aufwand für metallische Unterkonstruktionen reduziert wird und damit das Gesamtgewicht und der Materialaufwand reduziert werden. Auf diese Weise erhöht der konstruktive Schutz der Fassade die Dauerhaftigkeit der Fassade und reduziert zugleich die graue Energie im Lebenszyklus. Bei Dämmstoffen gibt es zwar auch große Unterschiede bei der grauen Energie, aber eine gute Fassadendämmung amortisiert sich durch die Einsparung von Heizenergie in der Regel energetisch innerhalb sehr kurzer Zeit. Ihr Einsatz ist deshalb bei hinreichender Dauerhaftigkeit über den Lebenszyklus energetisch positiv, unabhängig von der genauen Materialwahl [10, S. 54].

Besonders sollte auch die Notwendigkeit eines Kellers bei der Planung überdacht werden. Rund 25 % des Energieeinsatzes im Laufe einer sechzigjährigen Lebensdauer eines Gebäudes entfallen auf die Herstellung des Kellers [6]. Damit beinhaltet die Grundsatzentscheidung Keller – ja oder nein – ein starkes Einsparpotenzial, und das meist auch finanziell.

Eine weitere wichtige Einflussgröße ist die angestrebte Lebensdauer der einzelnen Bauteile. Es kann nicht pauschal davon ausgegangen werden, dass Bauteile mit hoher Lebensdauer auch zur Erhöhung der Nachhaltigkeit eines Bauwerks beitragen. Eine hohe Lebensdauer eines Bauteils ist nicht bei jeder Art von Gebäudenutzung erforderlich. Im Extremfall kann sich die Verwendung langlebiger Bauteile sogar negativ auf die Nutzungsflexibilität eines Raumes oder eines Gebäudes auswirken [10]. Wenn aufgrund (sicherheits-)technischer oder ästhetischer Belange Bauteile mit langer Lebensdauer ausgetauscht werden (müssen), führt der meist hohe Gehalt an grauer Energie bei langlebigen Bauteilen zu einer erhöhten Umweltbelastung.

2.8 Einflussmöglichkeiten auf die graue Energie durch die Werkstoffauswahl

Nach der konstruktiven Gestaltung hat die Werkstoffauswahl den zweiten großen Einfluss auf die graue Energie eines Bauwerks. Hierbei geht es vor allem darum, Stoffflüsse (Materialaufwand) und den Herstellungsenergieaufwand zu minimieren. Zwei Einflussmöglichkeiten bieten sich hierbei prinzipiell an. Einerseits sollten bevorzugt Baumaterialien verwendet werden, die deinstallierbar und recycelfähig sind. Dies sorgt dafür, dass Baustoffe oder ganze Bauteile entweder wiederverwendet oder erneut in den Stoffkreislauf überführt werden können. Dadurch sinkt die graue Energie im nächsten Lebenszyklus des Baustoffs. Andererseits ist ein hoher Anteil an nachwachsenden Rohstoffen (mit vergleichbaren Materialeigenschaften zu alternativen Werkstoffen) in den Baustoffen prinzipiell förderlich für eine Reduzierung der grauen Energie.

Bei allen anderen Baumaterialien lässt sich durch eine gezielte Auswahl ebenfalls die Bilanz für die graue Energie deutlich beeinflussen. Zum Beispiel kann laut einer Vergleichsstudie des Öko-Instituts bei der Auswahl von Dachsteinen statt Dachziegeln eine Reduzierung der grauen Energie von ca. 70 % verzeichnet werden [11]. Dabei entfallen in der Prozesskette über 50 % der grauen Energie eines Dachsteins auf die Zementherstellung, bei der durch neue Technologien auch noch große Einsparpotenziale abrufbar sind. Ähnliche Verhältnisse liegen übrigens auch für Umwelteinflussgrößen vor, wie die Treibhausgasemissionen, das Versauerungspotenzial, das Eutrophierungspotenzial, das Photooxidantienpotenzial und das Feinstaubpotenzial[3]. In der Regel liegen hier die Ergebniswerte für den Dachstein jeweils nur bei ca. 45 % im Vergleich zu den betreffenden Werten beim Dachziegel. Lediglich beim Photooxidantienpotenzial erreicht der betreffende Wert mit rund 85 % annähernd das Ergebnis des Dachziegels. Aus ökologischer Sicht ist also dem Dachstein gegenüber dem Dachziegel der Vorzug für die Dachbedeckung zu geben.

Vergleicht man das Gesamtsystem Fassade, zeigt eine Nachhaltigkeitsstudie, dass Fassadenkonstruktionen mit Naturstein ökologische und ökonomische Vorteile gegenüber Glaskonstruktionen aufweisen, legt man einen Zeitraum von 100 Jahren zugrunde [12]. Die Studie stellt zusammenfassend fest, dass Natursteinfassaden sowohl in der Herstellung als auch in der Nutzungsphase wesentlich weniger Primärenergie benötigen als Glaselemente, sodass über den gesamten Lebenszyklus betrachtet, für Glasfassaden mehr als das Dreifache an Primärenergie aufgewendet werden muss. »Wird die Herstellung separat betrachtet, so zeigt sich, dass die Glasfassade einen etwa doppelt so hohen Bedarf an energetischen Ressourcen benötigt wie die Natursteinfassade. Auch in weiteren Umwelteinflussgrößen (z.B. Treibhausgasemissionen) weist die Natursteinfassade deutliche ökologische Vorteile auf. Die Nutzungsphase wird durch die Instandhaltungsmaßnahmen in Abhängigkeit von Austauschzyklen der eingesetzten Bauteile dominiert. Während die Natursteinfassade mit ihren relativ langlebigen Bauteilen mit etwa 50 % der energetischen Ressourcen für diese Phase gegenüber der Herstellung auskommt, ist die austauschintensivere Instandhaltung der Glasfassade die relevanteste ökologische Phase während des gesamten Lebenszyklus. Über 100 Jahre gerechnet werden einzelne Bauteile bis zu dreimal komplett gewechselt [12, S. 6].

Infolge starker Beanspruchung, häufiger Reinigungsprozesse und hoher Frequenz des Austausches haben die Nutzoberflächen innerhalb des Gebäudes eine ähnliche Bedeutung für die graue Energie wie die Fassade. Auch hier kann durch die Reduzierung des konstruktiven Aufwandes graue Energie eingespart werden. Zum Beispiel verfügen flächig aufgebrachte oder direkt montierte Unterdecken im Gegensatz zu abgehängten Decken über eine deutlich reduzierte graue Energie [9]. Eine hohe Dauerhaftigkeit von Nutzflächen reduziert im Lebenszyklus besonders bei Bodenbelägen die graue Energie. Hochwertige Oberflächen wie Natursteinbeläge bieten die höchste Dauerhaftigkeit bei niedriger grauer Energie und tragen durch vergleichsweise geringe Reinigungskosten zusätzlich zur Energie- und Ressourcenschonung bei.

Neben der bewussten Baustoffauswahl tragen auch Innovationen im Baustoffbereich zur Reduzierung der grauen Energie und der damit verbundenen Treibhausgasemission bei. Ein Beispiel für eine solche Innovation ist ein Ökozement [13], der in Österreich entwickelt wurde. Dieser Ökozement besteht aus den Grundkomponenten Hüttensand, Sulfatträger und Spezialzusätze. Er wird nur durch Mahlung und Homogenisierung hergestellt. Im Gegensatz zu herkömmlichen Zementen ist zur Herstellung kein Brennprozess erforderlich. Es fallen daher – außer beim Trocknungsprozess des Hüttensandes – auch keine CO_2- und NO_x-Emissionen an. Im Vergleich zu üblicherweise verwendeten Portlandzementen lassen sich durch die Verwendung von Hüttensand produktionsseitig bis zu 90 % der CO_2-Emissionen vermeiden, die üblicherweise bei der Herstellung von Zementen anfallen. Da die Herstellung von Zement sehr energieaufwendig ist und weltweit für 5 bis 7 % aller CO_2-Emissionen verantwortlich ist, birgt die Zementherstellung ein riesiges Einsparpotenzial. Parallel zum österreichischen Ökobeton haben Wissenschaftler am Karlsruher Institut für Technologie (KIT) ein neuartiges Bindemittel entwi-

3 Versauerungspotenzial: beschreibt die Summe aller Gase aus dem Herstellungsprozess als SO_2-Äquivalent (Schwefeldioxid), die in Verbindung mit Wasser zur Versauerung von Gewässern und Böden beitragen können (saurer Regen); Eutrophierungspotenzial: bezeichnet die Überdüngung – vor allem von Gewässern – durch einen hohen Nährstoffeintrag; Photooxidantienpotenzial: beschreibt die Bildung von bodennahem Ozon und Sommersmog; Feinstaubpotenzial: bezeichnet die Feinstaubbelastung

ckelt [14]. Gegenüber herkömmlichem Zement können die CO_2-Emissionen bei seiner Herstellung um bis zu 50 % gesenkt werden. Dies geschieht durch eine sehr energiesparende und ressourcenschonende Herstellung: Es werden nur vergleichsweise niedrige Prozesstemperaturen benötigt und weniger Kalkstein. Dank eines neu entwickelten kalkarmen, hydraulischen Bindemittels haben ein derartiger Beton und der Mörtel einen niedrigen pH-Wert. Das erlaubt es möglicherweise, den teuren Rohstoff Stahl, der bisher oft zur Stabilisierung des Betons notwendig ist, zumindest teilweise durch nachwachsende Rohstoffe wie alkaliempfindliche Zellulosefasern zu ersetzen, wodurch auch ein Stahlbeton mit massiv reduzierter grauer Energie möglich gemacht wird. Derzeit wird eine Pilotanlage aufgebaut, die das Bindemittel in Mengen von 100 kg pro Tag herstellen soll. Damit wollen die Forscher den Prozess aus dem Labormaßstab in industrielle Dimensionen bringen. Gleichzeitig schaffen sie die Voraussetzung, den Baustoff in Richtung verschiedener Anwendungen zu entwickeln.

Diese Beispiele zeigen eindrucksvoll, wie hoch das Einsparpotenzial ist und wie es durch eine bewusste Baustoffauswahl und Innovationen abgerufen werden kann. Die Baustoffhersteller optimieren ihre Produkte zunehmend vor dem Hintergrund ihrer ökologischen Wirkung – das Potenzial zur Reduzierung der grauen Energie wird also weiter wachsen und sollte von den zukünftigen Bauherren beachtet werden.

Ein wichtiger Schritt zur Erhöhung der Transparenz der Umweltwirkungen von Baustoffen war die Einführung sogenannter Umwelt-Produktdeklarationen4 [15]. Sie bilden die Datengrundlage für die ökologische Gebäudebewertung und sind damit ein hervorragendes Werkzeug für eine Ökobilanzierung. Die Umwelt-Produktdeklarationen basieren auf einer international abgestimmten ISO-Norm. Sie beinhalten bauphysikalische Daten, Angaben zu Inhaltsstoffen und zur Stoffherkunft, Beschreibungen zur Produktherstellung, Hinweise zur Produktverarbeitung, Angaben zum Nutzungsverhalten und zu Stofffreisetzungen, Aussagen zum Abfallaufkommen und zum Recycling sowie umwelt- und gesundheitsrelevante Nachweise und Prüfzeugnisse. Umwelt-Produktdeklarationen sind als Nachweis für Umweltschutzforderungen in der öffentlichen Beschaffung geeignet und bieten die relevante Datengrundlage um Umwelteigenschaften eines Produktes öffentlichkeitswirksam darzustellen.

Da in Europa zudem die Schweiz eine Vorreiterrolle in Sachen graue Energie einnimmt, wird an dieser Stelle auch auf das Merkblatt SIA 2032 hingewiesen, welches vom Schweizerischen Ingenieur- und Architektenverein (SIA) herausgegeben wurde [1]. Es liefert einfache und planungsgerechte Bewertungs- und Berechnungsmethoden für ökobilanzielle Betrachtungen und richtet sich an Planer und Planerinnen. Das Merkblatt beinhaltet eine planungsgerechte und einfache Bewertungs- und Berechnungsmethode, die mit einem Beispiel illustriert wird.

Ein weiterer interessanter Ansatz zur Reduzierung des Ressourcenverbrauchs – und damit der grauen Energie – ist die Besteuerung von Primärbaustoffen. In einem ihrer Diskussionspapiere geht das »Forum Ökologisch-Soziale Marktwirtschaft« (FÖS) dieser Idee nach. Ziel einer nachhaltigen Ressourcen- und Energiepolitik im Bausektor müsse es sein, den Ressourceneinsatz insgesamt zu verringern, den Anteil der eingesetzten Baumaterialien aus nachwachsenden Rohstoffen zu vergrößern und die verbleibende Nachfrage nach Baumineralien zu größtmöglichen Teilen aus Recyclingbaustoffen zu decken, um auf diese Weise die Nachfrage nach Primärbaustoffen deutlich zu verringern.

Neben technischen Innovationen und der Steigerung der Akzeptanz von alternativen Baumaterialien sei dafür auch eine gezielte Verbesserung der politischen Rahmenbedingungen notwendig [16]. Neben der Überarbeitung und Harmonisierung der geltenden gesetzlichen Vorgaben für den Einsatz von Recyclingbaustoffen, Anpassungen des öffentlichen Beschaffungswesens und der Qualitätsstandards schlägt das FÖS die Einführung einer Primärbaustoffsteuer vor. Die Effizienz dieses politischen Steue-

4 englisch: Environmental Product Declaration, EPD

rungsinstrumentes bestehe insbesondere darin, dass durch das Preissignal Effizienzanreize geschaffen werden, die über die gesamte Wertschöpfungskette wirken, sodass Anpassungsreaktionen dort ausgelöst werden können, wo deren Grenzkosten am niedrigsten sind und Einsparpotenziale daher am gesamtwirtschaftlich effizientesten ausgeschöpft werden können.

Die Autoren verweisen dabei auf eine Vielzahl europäischer Vorbilder. So habe in Dänemark die 1990 eingeführte Steuer auf die Entnahme von Sand, Kies, Naturstein, Lehm, Torf und Kalkstein dazu geführt, dass in der Gesamtbetrachtung die Menge der abgebauten Rohstoffe im Zeitraum von 1989 bis 2009 abgenommen hat. Die Recyclingquote von Bauabfällen nahm im selben Zeitraum signifikant zu und stieg von nur 12 % im Jahr 1985 auf 94 % im Jahr 2004. In Schweden wurde 1996 eine Steuer auf den Abbau von Kies eingeführt. Nach Einführung der Steuer hat die Entnahme von Kies in Schweden im Zeitraum 1984–2008 signifikant abgenommen. Die ambitionierteste Steuer auf die Entnahme von Primärbaustoffen in Europa wurde 2002 in Großbritannien eingeführt. Begründet wird die Besteuerung der Entnahme von Sand, Kies und Natursteinen mit der Internalisierung externer Umweltkosten, die durch den Abbau entstehen. Gleichzeitig soll die Steuer die Nachfrage verringern und die Verwendung von Recyclingmaterialien attraktiver machen. Ähnlich wie in Dänemark, wirkt die Rohstoffsteuer in Großbritannien im Zusammenspiel mit einer Deponiesteuer, die bereits 1996 eingeführt wurde. Die Menge des abgebauten Materials verringerte sich bereits signifikant nach der Einführung dieser ersten Steuer und noch einmal zusätzlich mit Einführung der Primärbaustoffsteuer 2002. Die britische Regierung geht davon aus, dass die Rohstoffsteuer alleine einen Rückgang der Entnahme der besteuerten Materialien um 18 Mio. t zur Folge hatte [17]. Vor allem aber zeichnet sich Großbritannien durch eine sehr hohe Materialeinsatzquote von Recyclingbaustoffen als Betonbeimischung von 25 % (2005) aus [18].

Die zu erwartenden Auswirkungen einer Primärbaustoffsteuer in Deutschland wurden 2010 durch eine modellgestützte Berechnung abgeschätzt. Modelliert wurde die Wirkung einer Mengensteuer auf die Entnahme aller Baumineralien ab dem Jahr 2012 mit einem Steuersatz von 2 Euro/t und einer 5%-igen jährlichen Erhöhung bis auf 4,80 Euro/t im Jahr 2030. Aufgrund dieser Modellrechnungen kann davon ausgegangen werden, dass die Einführung einer Primärbaustoffsteuer (im Zusammenspiel mit anderen Instrumenten) die Reduzierung der inländischen Entnahme von Baumineralien um 9,7 % bewirken könnte. Signifikante Auswirkungen auf die Entwicklung des BIP, des verfügbaren Einkommens der Haushalte oder der Beschäftigungslage sind nach diesen Modellrechnungen nicht zu erwarten [19]. Eine Primärbaustoffsteuer könnte demnach auch in Deutschland ein wirkungsvolles Instrument darstellen, um die Anreize für das Ausschöpfen von Ressourceneffizienzpotenzialen beim Einsatz von Baumineralien in der Breite zu verbessern.

2.9 Einflussmöglichkeiten der grauen Energie durch die Bauausführung und den Rückbau

Eine weitere wesentliche Einflussgröße zur Reduzierung der grauen Energie ist die Baustelle selbst. Gemäß einer Studie der ETH Zürich entfallen ca. 10 % der grauen Energie auf die Baustelle [20].

Letztlich lassen sich weitere Einsparungen an grauer Energie durch die Nutzung reversibler Verbindungen der Bauteile ermöglichen. Können die Bauteile im Rückbau einfach wieder deinstalliert und die Baustoffe sortenrein getrennt werden, sorgt das dafür, dass die Bauteile in künftigen Bauten wiederverwendet werden können oder dem Recycling zugeführt werden können. Dies gilt ganz besonders bei Gebäuden mit kurzer Lebensdauer, wie z.B. Übergangsbauten oder Messebauten. Für diese sollte die graue Energie ohne die Berücksichtigung der Dauerhaftigkeit minimiert werden und der Rückbau und die Möglichkeit von Weiterverwendung/Recycling der Bauteile sollten in die Planung deutlich stärker einbezogen werden.

Auch bei der Haustechnik ist auf eine reversible Gestaltung der technischen Elemente zu achten. Das heißt, auch technische Elemente sollten so verbaut und installiert werden, dass sie im Falle eines Austauschs oder eines Rück- oder Umbaus entfernt werden können, ohne dass andere Baukomponenten dabei zerstört oder beschädigt werden. Die Technik ist im Rahmen der bauteilbezogenen Betrachtung in Bezug auf die graue Energie das am meisten unterschätzte Gebäudeelement. Ihr Primärenergieinhalt liegt im Neubauzustand in der Regel unter 10 %. Sie verfügt jedoch allgemein über eine geringe Dauerhaftigkeit [9, Grafik B5.55]. Durch die hohe Geschwindigkeit der technologischen Entwicklung ist bei der Haustechnik im Laufe des Lebenszyklus eine hohe Austauschrate zu erwarten. Das führt dann im gesamten Lebenszyklus zu einer weiteren Erhöhung der grauen Energie.

2.10 Informationsmöglichkeiten zur grauen Energie

Nachdem deutlich wurde, wie groß die Einsparpotenziale bei der grauen Energie von Bauwerken ist, stellt sich abschließend noch die Frage, wie die Verantwortlichen schnell und unkompliziert Informationen einholen können, welche Baustoffe bzw. Bauteile sich durch gute Werte der Umweltindikatoren – insbesondere der grauen Energie – auszeichnen.
Hierfür bietet sich die Website *www.gutebaustoffe.de* an. Diese Internetplattform fasst zum einen kurz und prägnant zusammen, was *gute Baustoffe* ausmacht. Zum anderen beinhaltet sie Datensätze zu den wichtigsten Umwelteinflussgrößen von Baustoffen. Diese sind übersichtlich in einer Datenbank zusammengefasst, die jederzeit von Nutzern erweitert werden kann. Die Datenbank listet sowohl generische Datensätze als auch firmen- oder produktspezifische Datensätze auf.

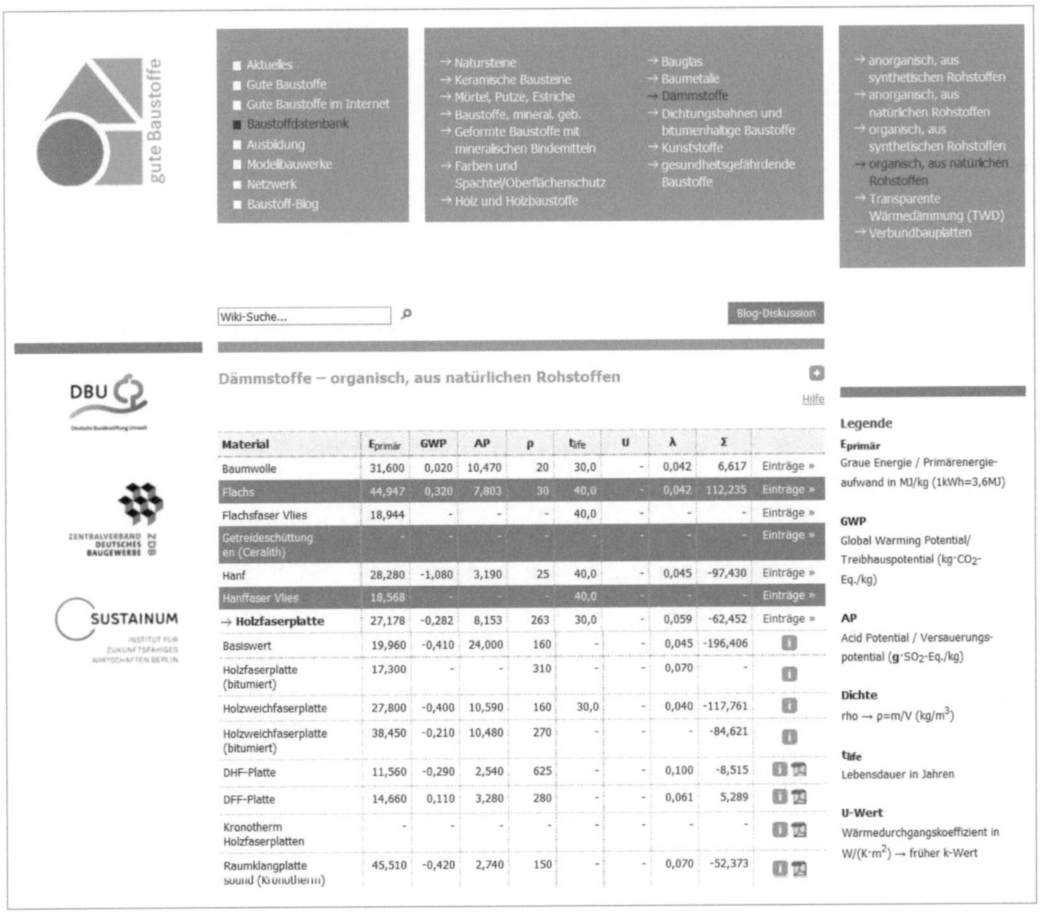

Material	$E_{primär}$	GWP	AP	ρ	t_{life}	U	λ	Σ	
Baumwolle	31,600	0,020	10,470	20	30,0	-	0,042	6,617	Einträge »
Flachs	44,947	0,320	7,803	30	40,0	-	0,042	112,235	Einträge »
Flachsfaser Vlies	18,944	-	-	-	40,0	-	-	-	Einträge »
Getreideschüttungen (Ceralith)	-	-	-	-	-	-	-	-	Einträge »
Hanf	28,280	-1,080	3,190	25	40,0	-	0,045	-97,430	Einträge »
Hanffaser Vlies	18,568	-	-	-	40,0	-	-	-	Einträge »
→ **Holzfaserplatte**	27,178	-0,282	8,153	263	30,0	-	0,059	-62,452	Einträge »
Basiswert	19,960	-0,410	24,000	160	-	-	0,045	-196,406	
Holzfaserplatte (bitumiert)	17,300	-	-	310	-	-	0,070	-	
Holzweichfaserplatte	27,800	-0,400	10,590	160	30,0	-	0,040	-117,761	
Holzweichfaserplatte (bitumiert)	38,450	-0,210	10,480	270	-	-	-	-84,621	
DHF-Platte	11,560	-0,290	2,540	625	-	-	0,100	-8,515	
DFF-Platte	14,660	0,110	3,280	280	-	-	0,061	5,289	
Kronotherm Holzfaserplatten	-	-	-	-	-	-	-	-	
Raumklangplatte sound (Kronotherm)	45,510	-0,420	2,740	150	-	-	0,070	-52,373	

Abbildung 7: Ausschnitt der Baustoffdatenbank auf *www.gutebaustoffe.de*. Nutzer können sich schnell und unkompliziert über die Umwelteinflussgrößen von Baustoffen informieren und Daten hinzufügen. [Quelle: *www.gutebaustoffe.de*]

Weitere Informationsquellen oder Orientierungshilfen liefern sogenannte Umweltproduktdeklarationen (Environmental Product Declaration, EPD, nach EN ISO 14025) oder Bauprodukt-Label wie das international anerkannte natureplus-Qualitätszeichen (europäisches Umweltzeichen Typ 1 nach EN ISO 14024). Dieses zeigt auf einen Blick, dass es sich um ein hochwertiges, nachhaltiges und gesundheitlich einwandfreies Bauprodukt handelt [21, S. 10]. Die Kriterien des natureplus-Qualitätszeichens werden regelmäßig geprüft und verschärft. Bereits jetzt erfüllt dieses Label die erst 2013 geltenden Prüfungen nach der neuen EU-Verordnung.
»Ab 2013 müssen Hersteller und Anbieter von Bauprodukten eine ausführliche Leistungsbeschreibung ihrer Produkte veröffentlichen. Die Grundlage dafür ist die neue EU-Verordnung für die Vermarktung von Bauprodukten. Konkret müssen Bauprodukte mit CE-Kennzeichnung ab Juli 2013 über eine Stoffdeklaration verfügen, die besonders besorgniserregende Stoffe ausweist. (...) Auch Angaben zu den Umweltauswirkungen über den gesamten Lebenszyklus eines Produkts, von der Gewinnung der Rohstoffe über die Produktion und den Gebrauch bis hin zur Demontage, Verwertung oder Deponierung, werden gefordert. (...) Aufgenommen wurde in die neue EU-Verordnung auch der Hinweis auf die Umweltdeklaration (...) als Nachweis der Produkteigenschaften. Diese beinhaltet neben einer Ökobilanz zusätzliche Emissionsmessungen sowie weitere Produktinformationen. Das Ergebnis sind qualifizierte Angaben zu Primärenergiegehalt, Treibhauspotenzial, Ozonabbau und viele weitere Kriterien, die allerdings nur wenige Spezialisten interpretieren können. Eine Gewichtung der Ergebnisse von dritter Seite oder ein Vergleich mit anderen Produkten beinhalten EPDs allerdings nicht. Deshalb wird auch keine Differenzierung zwischen Produkten mit einem ausgezeichneten, durchschnittlichen oder gar schlechten Umweltverhalten vorgenommen. Die EPD soll eben kein Gütezeichen sein, sondern eine bewertungsneutrale Offenlegung von Daten. Damit bietet die EPD zwar eine Orientierungshilfe für den Planer, jedoch nicht für Bauherrn oder Investoren.« [21, S. 10]

2.11 Zusammenfassung

Die graue Energie ist ein Maß für Energieverbrauch, Ressourcenintensität und somit ein Indikator für die mit dem Einsatz von Baustoffen verbundenen Umweltbelastungen. Sie kann als einfacher, aussagekräftiger und praxistauglicher Indikator für den »ökologischen Rucksack«[5] eines Produktes (oder einer Dienstleistung) angesehen werden. Die graue Energie ist damit ein zentraler Bestandteil der Ökobilanz und ein wichtiges Instrument zur Nachhaltigkeitsbewertung.
Derzeit liegt der Fokus der Betrachtungen immer noch einseitig bei der Betriebsenergie und verdeckt dadurch die »ökologische Wahrheit«. Der Anteil der grauen Energie an der Gesamtenergie von Gebäuden wird künftig den wesentlichen Teil des Energieverbrauchs ausmachen. Bei Bauwerken ist die Gesamtenergiebetrachtung (graue Energie plus Betriebsenergie) hinsichtlich des Lebenszyklus des Bauwerks eine ökologisch wie ökonomisch wichtige Entscheidungshilfe und stellt die Grundlage für eine Lebenszyklusanalyse im Bereich Energieeffizienz dar. Eine Reduzierung der grauen Energie ist nicht zwingend mit einer Kostenerhöhung verbunden, häufig geht sie sogar durch eine andere Baustoffauswahl einer anderen Baukonstruktion mit einer Kostenreduktion einher.
Während der Planung und der konstruktiven Gestaltung eines Gebäudes ist die Einflussnahme auf die graue Energie am größten. Über die Hälfte der grauen Energie ist im Rohbau »versteckt«. Leichte Bauweisen sind demnach zu bevorzugen. Je kompakter ein Baukörper und je besser die konstruktive Gestaltung ist, desto niedriger ist der auf die Geschossflächeneinheit bezogene Wert der grauen

5 Der ökologische Rucksack entspricht der Menge an Ressourcen, die bei der Herstellung, dem Gebrauch und der Entsorgung eines Produktes oder einer Dienstleistung verbraucht werden.

Energie. Durch eine bewusste Materialauswahl kann die graue Energie weiter reduziert werden. Die Auswahl der Baumaterialien sollte fallspezifisch erfolgen; ihre Lebensdauer sollte ihrer baulichen Bestimmung angepasst sein. Energiearme und ökologische Produkte sowie ressourcenschonende Planung müssen von den Bauherren gefordert werden, um nachhaltiges Bauen ganzheitlich umsetzen zu können. Dann werden sich auch verstärkt Baustoffhersteller darum bemühen, die Herstellungsenergie und die Schadstoffgehalte ihrer Produkte weiter durch Forschung und Innovation zu reduzieren, um Planer und Bauherren beim umweltbewussten Bauen zu unterstützen.

Literatur

[1] Gugerli, H. et al. (2008): Merkblatt SIA 2032: Graue Energie im Fokus. et al., 15. Schweizerisches Status-Seminar »Energie- und Umweltforschung im Bauwesen«. ETH Zürich

[2] Lenel, S. (2011): Schweizer Label für gesunde und ökologische Gebäude. MINERGIE-ECO 2011 weiterentwickelt. In: Greenbuilding, Nr. 10, S. 28–30

[3] Energie-Lexikon. URL: http://www.energie-lexikon.info/graue_energie.html [02.08.2011]

[4] Österreichisches Bundesministerium für Umwelt, Jugend und Familie: »Energie verwenden statt verschwenden« (zirka 1997), Seite 21

[5] Statistisches Bundesamt (Hrsg.) (2010): Umweltnutzung und Wirtschaft – Bericht zu den Umweltökonomischen Gesamtrechnungen. Wiesbaden

[6] Österreichischer Energiesparverband (2006): Graue Energie im Alltag

[7] Gugerli, H., Frischknecht, R., Kasser, U., Lenzlinger, M. (2009): Graue Energie im Fokus. In: Faktor Kompakt. 01. Faktor Verlag AG, Zürich [Bezieht sich auf Schweizer Gesetze und Vorschriften]

[8] SIA D 0216:2006: SIA Effizienzpfad Energie. Schweizerischer Ingenieur- und Architektenverein, Zürich

[9] Hegger, M. et al. (2009): Energie Atlas. Basel: Birkhäuser

[10] Zeumer, M., John, V., Hartwig, J. (2009): Nachhaltiger Materialeinsatz – Graue Energie im Lebenszyklus. In: Detail, Jg. 49, Sondernr. 1, S. 54–60

[11] Ökoinstitut Freiburg e. V. (2008): Ökobilanzieller Vergleich von Dachziegel und Dachstein

[12] Deutscher Naturwerkstein-Verbands e. V. (Hrsg.) (2011): Nachhaltigkeitsstudie: Ökobilanzen von Fassadenkonstruktionen mit Naturstein und Glas

[13] oekobeton.at: Ökozement »Slagstar«. URL: http://www.oekobeton.at/front_content.php?idcat=363 [03.08.2011]

[14] Celitement. URL: http://www.celitement.de/ [22.06.2011]

[15] Institut für Bauen und Umwelt e. V. URL: http://bau-umwelt.de/hp354/ Deklarationen.htm?ITServ=C7d77c4c6X13189c2c229XY7c70 [03.08.2011]

[16] Ludewig, D., Meyer, E. (2012): Ressourcenschonung durch die Besteuerung von Primärbaustoffen. FÖS-Diskussionspapier März 2012, Forum Ökologisch-Soziale Marktwirtschaft

[17] Seely, A. (2011): Aggregates Levy. Standard Note SN/BT/1196. London: Business and Transport Section, House of Commons

[18] European Environment Agency (2008): Effectiveness of environmental taxes and charges for managing sand, gravel and rock extraction in selected EU countries. http://www.eea.europa.eu/publications/eea_report_2008_2 (letzter Zugriff: 16.03.2012).

[19] Distelkamp, M., Meyer, B., Meyer, M. (2010): Quantitative und qualitative Analyse der Effekte einer forcierten Ressourceneffizienzstrategie – Zusammenfassung. URL: http://ressourcen.wupperinst.org/downloads/MaRess_AP5_3_Zusammenfassg.pdf [22.03.2012)

[20] Bauphysik Online, ETH Zürich. URL: http://www.bph.hbt.arch.ethz.ch/Filep/Energie/Energie_Bauwerk/GraueEnergie-2.html [02.08.2011]

[21] Lehmkuhl, V. (2011): Umweltverband will Optimum für nachhaltige Bauprodukte. In: Greenbuilding, Nr. 10, S. 10–11

[22] Integriertes Energie- und Klimaprogramm der Bundesregierung. URL: http://www.bmu.de/klimaschutz/nationale_klimapolitik/doc/40550.php [22.06.2011]
[23] www.guteBaustoffe.de, letzter Zugriff: 12.04.2012

Dr.-Ing. Matthias Teller arbeitet schwerpunktmäßig als Projektentwickler in den Bereichen Energieeffizienz, Ressourcenschonung, Umwelttechnik und Innovationsmanagement. Seit über 40 Jahren ist er in Forschung und Wirtschaft tätig. Mit seinen Erfahrungen steht er Netzwerken, Unternehmen und Institutionen als kompetenter Berater, Experte und Moderator zur Seite.
m.teller@sustainum.de

Danny Püschel hat als Biologe einen Blick für das Ganzheitliche, einen systemischen Blick. Er arbeitet schwerpunktmäßig in der Projekt- und Produktentwicklung in den Bereichen ökologische Baustoffe und Umweltbilanzierung. Als Biologe ist er zudem in verschiedenen Energieeffizienzprojekten als wissenschaftlicher Mitarbeiter und im Projektmanagement tätig.
d.pueschel@sustainum.de

3 Nachhaltige Bauwirtschaft kann einen wichtigen Beitrag zum Klima- und Umweltschutz leisten

Michael Heide

»Es gehört ganz selbstverständlich zu unseren Themen, nachhaltig zu bauen.«

Weltbevölkerungswachstum

Für das sich abzeichnende Ressourcen- und Energiedilemma besteht eine einfache Rechnung: Wenn wir etwas weniger Menschen auf diesem Planeten wären, dann könnten wir auch anders mit Ressourcen und mit Energie umgehen. Wie aus Abbildung 8 hervorgeht, war das Bevölkerungswachstum in den letzten 1.000 Jahren erheblich. Von wenigen Mio. Menschen im Jahr 1000 wird sich die Bevölkerungszahl bis Mitte dieses Jahrhunderts voraussichtlich auf 9 Milliarden Menschen gesteigert haben.

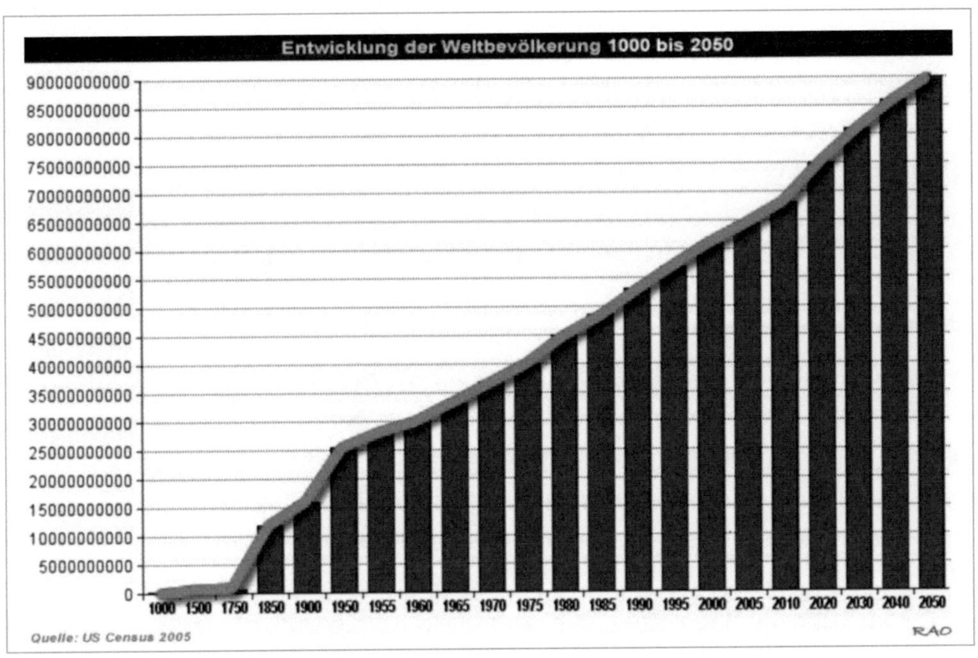

Abbildung 8: Entwicklung der Weltbevölkerung [Quelle: US Census 2005]

Die daraus resultierende Umweltbelastung lässt sich als Produkt der regionalen Bevölkerungsdichte mit dem Ressourcenverbrauch pro Kopf definieren. Hier können ganz große Unterschiede festgestellt werden. In den Industrieländern leben 20 % der Weltbevölkerung. Sie verbrauchen aber 80 % der Ressourcen. Der Verbrauch an Ressourcen ist in den Industrieländern überproportional hoch. Das besonders Tragische an dem derzeitigen Ressourcenverbrauch ist jedoch, dass dieser früher oder später zum Teil in Abfall und in Emissionen mündet. Das heißt, die Ressourcen werden leider Gottes überwiegend verpulvert und nicht nachhaltig eingesetzt. Allein der CO_2-Ausstoß hat in den Jahren von 2000 bis 2009 um fast 40 % zugenommen. Hierbei spielt die Baubranche eine herausragende Rolle, da sie einen erheblichen Teil des Treibhauspotenzials produziert. Etwa 30 % des CO_2-Ausstoßes entfallen in Deutschland auf den Gebäudebestand. Wir verbrauchen pro Kopf jährlich 74.000 kg an Primärrohstoffen.

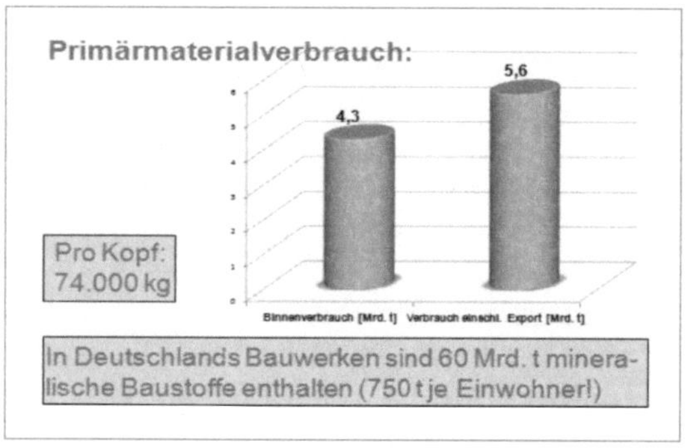

Abbildung 9: Primärmaterialverbrauch im deutschen Baugewerbe

Geht man bei der Bevölkerung von einem Durchschnittsgewicht von 70 kg aus, dann ist es doch gewaltig, dass jeder das Tausendfache seines Körpergewichtes pro Jahr an Rohstoffen konsumiert. Die Rechnung kann allerdings noch weiter geführt werden, denn zu dem jährlichen Verbrauch kommt der fixe Anteil an schon verbauter Primärenergie. So beträgt der jährliche Gesamt-Primärmaterialverbrauch einschließlich der Exportwirtschaft in Deutschland 5,6 Milliarden t. Im Gebäudebestand und in Infrastrukturbauwerken sind etwa 60 Milliarden t mineralischer Baustoffe enthalten. Hierzulande hat folglich jeder Einwohner in Form von Infrastrukturbauwerken und Gebäuden einen Anteil von 750 t an der gebauten Umwelt, die für ihn sozusagen in Form von mineralischen Baustoffen – Ziegel, Beton, Steine, Dacheindeckung etc. – verbaut wurden.
Für den Klimawandel und die energiepolitischen Ziele der Bundesregierung heißt das, den Fokus zukünftig auch auf den Energiegehalt und Recyclingfähigkeit von Baustoffen zu legen.

Graue Energie in Baustoffen

Der Energiegehalt von Baustoffen ist ein wichtiger Parameter, vor allem in Hinblick auf die künftigen Entwicklungen in den aufstrebenden Schwellenländern. Gegenwärtig werden beispielweise in China 20 % des CO_2-Ausstoßes nur durch die Zementproduktion verursacht. In den entwickelten Industriestaaten wie Deutschland sieht die Situation zwar anders aus, dennoch kommt es auch hier zu einem hohen Primärenergieaufwand im Bausektor. Als umweltbewusster Bauherr gilt es deshalb eines besonders zu beachten: Wir dürfen nicht nur an die Wärmedämmung von Gebäuden denken, sondern auch bei der Auswahl der konstruktiven Baustoffe daran, was diese für die Umwelt bedeuten und mit wie viel Energieaufwand die Gewinnung der Rohstoffe, die Herstellung der Bauprodukte, der Transport zur Baustelle und der Einbau verbunden sind.
Der Primärenergieaufwand von Baustoffen spielt eine wichtige Rolle für die Umweltbilanz eines Gebäudes. Dies lässt sich an einer tragenden Wandkonstruktion verdeutlichen. Es ist nicht ungewöhnlich, dass bei ganz normalen Bauten heutzutage vom Keller bis zum Dach Stahlbetonwände gebaut werden. Wenn Sie sich dagegen z.B. das gebaute Berlin der Gründerzeit anschaut, kann man feststellen, dass zu jener Zeit eigentlich nur niedrig gebrannte Ziegel, niedrig gebrannter Kalk und Holzbalken die Baustoffe waren, aus denen Hunderttausende von Wohnungen geschaffen wurden. Ein Blick auf die Energiebilanz zeigt, dass allein die Betonwand mit einer 20 cm dicken Ausführung bereits mit einem flächenbezogenen CO_2-Ausstoß von 129 kg/m^2 verbunden ist. Da ist der Stahl noch nicht mit dabei. Eine Mindestbewehrung brauchen diese Wände auch, was zu einer Emissionsrate von mindestens 150 kg/m^2 führt. Bei einem Kalksandsteinmauerwerk in 24 cm Dicke liegt der Wert nur bei 50 kg/m^2.

Handwerk für den Klimaschutz

Ein möglicher Grund für die Abkehr von traditionellen Bauweisen hin zum Stahlbetonbau ist in der Wirtschaftlichkeit zu suchen. Die Lohnkosten für Mauerarbeiten sind zum Teil höher als beispielsweise bei industriell hergestellten und auf der Baustelle nur noch zusammengefügten Stahlbetonfertigteilen. Wer die Themen Klimaschutz, Ressourcenschonung und Energieeffizienz allerdings ernst nimmt, sollte zurück zu mehr handwerklichen Bauweisen finden. Als Quintessenz ist zu empfehlen, energiearme Baustoffe und nach Möglichkeit nachwachsende Baustoffe zu benutzen. Holz, Schilfrohr und Hanf liegen hinsichtlich ihrer Umweltfreundlichkeit weit vorne und insbesondere hierunter regional verfügbare Baustoffe, die mit niedrigem Transportaufwand zur Baustelle geschafft werden können. Nachwachsende Rohstoffe überzeugen zudem dadurch, dass sie oftmals gut recycelbar oder anderweitig verwertbar sind. Das entspricht dem Leitbild der Kreislaufwirtschaft und sorgt für möglichst niedrige Schadstoff- und CO_2-Emissionen.

Abbildung 10: Ökologischer Fußabdruck der Menschheit [Quelle: WWF-»Living-Report 2008«]

Ökologischer Fußabdruck

Es sollte das Ziel einer nachhaltigen Bauwirtschaft sein, den Verbrauch an natürlichen Ressourcen zu minimieren. In seinem im Jahr 2008 herausgegebenen Living Report zeigt der World Wide Fund for Nature (WWF) einen Vergleich der Inanspruchnahme von natürlichen Ressourcen zur Biokapazität unseres Planeten in den Jahren 1960 und 2009. Im Jahr 1960 kam die Weltbevölkerung mit 50 % der natürlichen nachwachsenden Ressourcen aus. Im Jahr 2009 betrug der Ressourcenverbrauch bereits 130 %. Das heißt, es wird in der Summe mehr verbraucht als nachwächst. Das ist nicht nachhaltig und muss früher oder später zum bitteren Ende führen.

Michael Heide ist Diplom-Ingenieur und seit 2008 Geschäftsführer des Geschäftsbereichs Unternehmensentwicklung im Zentralverband des Deutschen Baugewerbes. Nach dem Studium des Bauingenieurwesens an der TU Berlin hat Herr Heide umfassende Praxiserfahrung durch seine Tätigkeit als Bausachverständiger und insbesondere durch seine leitende Funktion in einem mittelständischen Bauunternehmen – zuletzt als alleiniger Geschäftsführer – erworben.
bau@zdb.de
www.zdb.de

4 Ganzheitliche energetische Betrachtung von Gebäuden

Taco Holthuizen

Der Diskurs über Baustoffe und die Energiebilanz von Bauwerken ist überfällig. Während der letzten 10 Jahre wird im Baugewerbe eine Energiediskussion geführt, die sich zumeist auf die Gebäudetemperierung reduziert. Dabei tritt das gesamte Thema der grauen Energie[1] in den Hintergrund. Bei der energetischen Bewertung von Gebäuden spielt der Ressourceneinsatz jedoch eine entscheidende Rolle und sollte innerhalb der Energiediskussion größere Geltung erfahren.
Zur Historie: Bereits im Jahr 2002 realisierte das Architekturbüro Taco Holthuizen ein Gewerbegebäude in KfW 40-Qualtität[2]. Im gleichen Jahr folgte die Entwicklung des ersten Wohngebäudes mit einem Primärenergiebedarf auf dem Niveau eines Passivhauses. Im Jahr 2007 wurde schließlich das erste Wohngebäude errichtet, das bezüglich Gebäudetemperierung in der Bilanz sogar mehr Energie abwirft als es verbraucht.
Der Energieverbrauch zur Gebäudetemperierung und Gebäudeherstellung kann erheblich reduziert werden – und das zu bezahlbaren Kosten.

4.1 Nachdenken über Energie

Derzeit befinden wir uns in einem destruktiven Verwertungszyklus: »Irgendwann vor 245–265 Mio. Jahren wurden enorme Mengen an CO_2 in Form von Öl und Gas in unserem Erdmantel eingelagert. Um unseren heutigen Energiebedarf zu decken, produzieren wir einerseits durch die Verbrennung dieser fossilen Brennstoffe Energie und führen das eingelagerte CO_2 als Abfallprodukt wieder der Atmosphäre zu. Andererseits erzeugen wir mit der Atomenergie weiteren Abfall. Wir können uns nun darüber streiten, ob wir diesen Abfall eine Million, 25 Mio. oder noch mehr Jahre lagern müssen. Ohne polemisierend Fukushima zur Hilfe zu nehmen: Wir haben die Einlagerungsproblematik längst nicht gelöst!
Die CO_2-Freisetzung durch die Verbrennung von vormals eingelagerten fossilen Brennstoffen sowie die Abfälle der Atomenergie haben eines gemeinsam: Die daraus entstehenden Probleme werden für einen nicht überschaubaren Zeitraum zukünftige Generationen belasten. Dass wir hierzu kein Recht haben, drückt sich im Leitbild der Nachhaltigkeit aus. Es bedarf dringend einer Wende in der Energieerzeugung und -nutzung, die künftige Generationen nicht mehr belastet.
Um diesem Vorhaben gerecht zu werden, mangelt es keineswegs an Know-how. Schon heute können Transmissionswärmeverluste an Gebäuden und der Verbrauch an Primärenergie durch effiziente Haustechnik erheblich reduziert werden. Passiv- und Plusenergiehäuser weisen auf diese hohe Energieeffizienz hin und nicht zuletzt zeigt optimierte und reduzierte Gebäudetechnik, dass nachhaltiges Bauen prinzipiell möglich ist. Ganzheitlich betrachtet stellt sich aber die Frage, mit welchem Mehreinsatz an Ressourcen und Energien zur Materialherstellung (z.B. Dämmstoff) diese Reduktion an Energien zur Gebäudetemperierung erkauft wird. Zweifel bestehen, dass die heutige Marschrichtung zur Sanierung der Bestandsgebäude tatsächlich zu einer globalen Minderung des CO_2-Ausstoßes führen wird. Grund hierfür ist vor allem die einseitige Diskussion über Gebäudetemperierung. Die Menge an Primärener-

1 Mit Grauer Energie bezeichnet man die Energie, die für die Herstellung eines Produktes aufgewendet werden muss, vom Zeitpunkt des Abbaus der benötigten Rohstoffe, bis zur Nutzungsphase des fertigen Produktes.

2 Die Kreditanstalt für Wiederaufbau (KfW) vergibt seit ca. 10 Jahren zinsvergünstigte Darlehen für energieeffiziente Gebäude. Bis 2009 gab es in Deutschland nur das durch die Bank definierte, neutrale Bewertungssystem für energieoptimierte Gebäude. Seit ein paar Jahren setzt sich immer mehr das DGNB-Zertifikat durch.

gie, die für die Herstellung von Baustoffen zur Reduzierung von Wärmeverlusten aufgewendet wird, bleibt dabei weitestgehend unbeachtet.

4.2 Energetisch ganzheitliche Betrachtung

Vor diesem Hintergrund stellt sich die Frage, ob es Plusenergie-Fassaden gibt. Denn jede Fassade verbraucht sehr viel Energie und Ressourcen bei der Herstellung. Dennoch lohnt sich der Blick auf Fassaden von »Niedrigstenergiegebäuden«. Das Architekturbüro Holthuizen hat in der Vergangenheit diverse Fassadenkonstruktionen realisiert, Massiv-, Stahl-Glas- und Holzbaukonstruktionen, mit Vollwärmeschutz aus nachwachsenden Rohstoffen (z.B. Holzweichfaserplatten) und auch aus mineralischen Rohstoffen. Das erste Wohngebäude in Holzrahmenbau mit einem Primärenergiebedarf von 15 kWh/m^2 x a (Baujahr 2002), wies eine »Köllsche Passivhauswand« auf, fehleranfällig im Bauprozess, aber der »letzte Schrei« unter den Holzbauingenieuren. Später folgten Fassaden mit Vakuumdämmung, die in der Herstellung deutlich energieintensiver sind.
Gleichgültig ob Neubau oder Sanierung, die Baumaßnahmen müssen stets vor dem Hintergrund einer energetischen und wirtschaftlichen Optimierung von Gebäudehülle und Haustechnik geplant werden. Hierfür sollten die Objekte im Voraus einer eingehenden Analyse unterzogen werden. Dabei kann es häufig zu überraschenden Ergebnissen kommen:
Im Jahr 2009 wurde ein Sanierungskonzept für einen Gewerbebau mit einer Fläche von ca. 4.500 m^2 erarbeitet, an dem die Fassade nicht angerührt werden durfte. Die Siebzigerjahre-Fassade stand unter Denkmalschutz, eine Stahl-Glas-Konstruktion mit sehr schlechten Dämmwerten. Der zukünftige Betreiber war damals von 240.000 € Betriebskosten nach der Sanierung ausgegangen. Daraufhin wurde ein Haustechnikkonzept entwickelt, das zwar ca. 40.000 € über dem geplanten Budget lag, zugleich aber eine drastische Reduzierung des Energiebedarfs in Aussicht stellte. Im ersten Jahr nach der Sanierung nach einem strengen Winter lagen die Energiekosten bei nur 43.000 €, die der Betreiber aber nicht zu bezahlen hatte. Erreicht wurde dies, indem die in einem Fitnessstudio entstehenden Energien aus Prozesswärme (u. a. erzeugt jeder Sportler eine Wärme von ca. 80–120 W pro Stunde), passiver Sonneneinstrahlung, Beleuchtung, Sauna etc. dem Heizsystem wieder zugeführt wurden. Die 50 Cent, die jeder Nutzer für einen Duschvorgang bezahlen muss, reichen dem Betreiber aus, die gesamten Energiekosten zu decken. Das heißt, der Betreiber hat mit einer Mehrinvestition von 40.000 € die Betriebskosten von geschätzten 240.000 € pro Jahr auf null reduziert. An der Fassade wurde nichts verändert! In einer ganzheitlichen, energetischen Kosten-Nutzen-Analyse betrachtet, ist dies doch das beste und nachhaltigste Ergebnis, das man erreichen kann.
Erreicht werden solche Ergebnisse nur durch die energetisch ganzheitliche Betrachtung der Bauaufgabe. Grundsätzlich gilt, je tiefer der Energieaufwand zur Temperierung eines Gebäudes ausfällt (Heizung und Kühlung), umso größeren Einfluss hat die graue Energie auf die gesamte CO_2-Bilanz. Der Stellenwert der grauen Energie muss daher mehr in den Fokus rücken.

Abbildung 11: EnergiePlus-Gebäude: Messehaus 2008 [Quelle: Corinne Holthuizen][3]

Die Diskussion um die erforderlichen Dämmwerte der Gebäudehülle wird meistens aber nur auf die Betrachtung der Transmissionswärmeverluste reduziert, die nur teilweise den Heiz- oder Kühlbedarf des Gebäudes definieren. Der Energiegewinn, der z.B. bei einem Fitnessstudio extrem hoch sein kann, wird dabei leicht unterschätzt. Das obige Beispiel zeigt, dass hier sehr viele regenerative Energiequellen genutzt werden können, wenn die Anlagentechnik entsprechend ausgelegt ist und die Energien sinnvoll dem Gesamtsystem zugeführt werden können. Es stellt sich grundsätzlich immer die Frage, wie viel Energie zur Ertüchtigung der Fassade aufgewendet werden soll und wie dieser Energieeinsatz im Verhältnis zur möglichen Energieeinsparung bei der Gebäudetemperierung ausfällt. Dabei darf nicht übersehen werden, dass Fassaden wesentlich die Behaglichkeit des Nutzers bestimmen.

Eine Fassade übernimmt vielfältige Aufgaben. Sie hat eine Schutzfunktion, gibt dem Gebäude ein Gesicht und soll den Heizbedarf des Gebäudes minimieren. Es gilt jedoch auch, Gebäude im Sommer kühl zu halten, d.h. den Wärmeeintrag zu minimieren. Dies wird oft unterschätzt und führt zu einer ineffizienten Energiebilanz, wenn das Gebäude im Sommer aktiv gekühlt werden muss. In der energetischen Gesamtbetrachtung der Gebäudehülle muss daher der Transmissionswärmeverlust ebenso beachtet werden, wie der Wärmeertrag, z.B. über passive Sonneneinstrahlung.

Eine Fassade muss folglich je nach Klima verschiedene Aufgaben übernehmen. Sie ist nicht nur Image- und Werbeträger, Ausdruck des Individuums, sondern hat auch Aufgaben, wie Schutz vor Witterung, Wärme- und Schallschutz, zu übernehmen. Dämmwerte, Sonnenschutz, Strahlung und Reflexion sind zu beachten, um gewünschte solare Gewinne zu nutzen oder nicht gewünschte Einträge zu verhindern. Außerdem sollten sie atmungsaktiv sein! Warum gibt es noch keine Fassade nach dem Geox-Prinzip? Bei all diesen Anforderungen sollte auch noch der Energieaufwand zu Herstellung einer Fassade beachtet werden – die graue Energie.

3 **EnergiePlus-Haus:** Im Gegensatz zu einem Plusenergie-Haus®, welches in der Energiebilanzierung neben der Energie für Heizung, Warmwasser und Anlagenbetrieb auch den Haushaltsstrom beachtet, wird bei dem EnergiePlus-Haus der Haushaltsstrom in der Bilanzierung nicht beachtet. Bei beiden bleibt unterm Strich ein Plus an Energie übrig, welches in das Stromnetz gespeist wird (oder anderweitig verwendet wird).

Die Vermutung liegt nahe, dass der Graben zwischen dem technischen Anspruch an eine Fassade und der kostengünstigen Umsetzung tief ist. Tatsächlich aber kann er kleiner sein, als man denkt. Das Architekturbüro Holthuizen konnte dies mit einem Messehaus im Jahr 2008 unter Beweis stellen:

Mit dem Gebäude sollte die Relation der CO_2-Einsparung zwischen der Gebäudetemperierung und der grauen Energie aufgezeigt werden. Das Gebäude sollte, über ein Jahr betrachtet, mehr Energie erwirtschaften, als es tatsächlich für Heizung, Kühlung und Beleuchtung benötigt. Zielsetzung war es aber, nicht nur 100 % Primärenergie und damit CO_2 in der Gebäudetemperierung einzusparen. Untersucht wurde auch die Frage, ob bei der Herstellung der Gebäudehülle eine Einsparung von 90 % Primärenergie und somit CO_2-Äquivalenten[4] erreicht werden kann – und all dies ohne finanzielle Mehrbelastung.

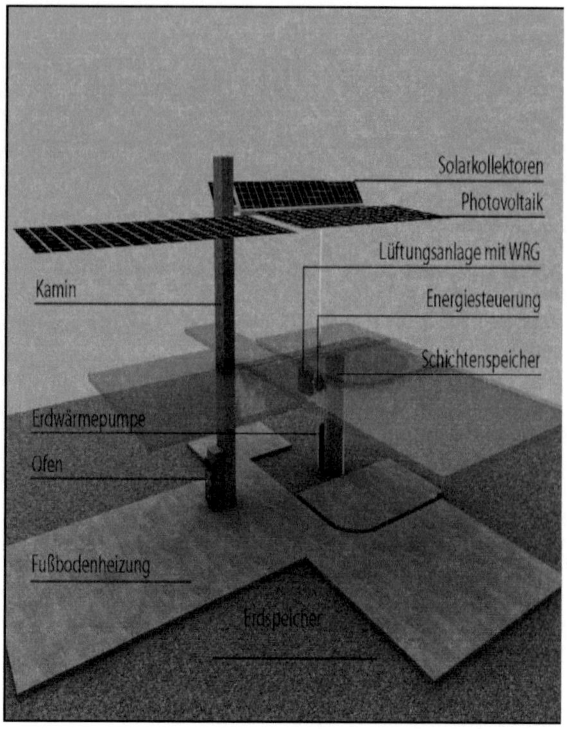

Abbildung 12: Haustechnik des EnergiePlus-Gebäudes – Einfach erklär-, bau- und bedienbare Heiztechnik, wirtschaftlich und energetisch optimiert

Das Gebäude besteht aus einem einfach zu errichtenden, konventionellen Holzrahmenbau mit einer Ständerstärke von 24 cm, einer Dämmung aus Holzwolle sowie einer hinterlüfteten Fassade aus Holzwerkstoffplatten. Es kann durch alle Baufirmen umgesetzt werden, die eine Abbundanlage[5] nutzen. Als vergleichsweise einfaches Energiesystem wurde eine Kombination aus Solarthermie mit Schichtenspeicher, einer kleinen Wärmepumpe und einer kontrollierten Be- und Entlüftung mit Wärmerückgewinnung gewählt. Eine von außen nicht sichtbare, in die Dachhaut des Flachdachs integrierte Photovoltaikanlage liefert den notwendigen Antriebsstrom für die Haustechnikanlage. Unter der Bodenplatte wurde mit Kunststoffleitungen und der vorhandenen Erde ein Energiespeicher gebaut. Hier wird der Energieüberschuss aus der Solaranlage und der Abluft, der nicht unmittelbar genutzt werden kann, gepuffert und in den Übergangszeiten und im Winter über eine Wärmepumpe dem Heizsystem zur Verfügung gestellt. Mit einer einfachen, aber intelligenten Regelungstechnik wurde die Effizienz der Wärmepumpe verdoppelt, die bereits nach einem Jahr eine gemessene Systemjahresarbeitszahl von 7,3 erreichte[6]. Das bedeutet vereinfacht ausgedrückt, 1 kWh Strom zum Betrieb der Anlage ergibt 7,3 kWh regenerative Energien, was eine Halbierung der Betriebskosten gegenüber alternativen Anlagen (z. B. mit Tiefenbohrung) bedeutet.

4 Alle Baustoffe sollten nach einem vergleichbaren Schema hinsichtlich der Treibhausgasemissionen (CO_2-Äquivalente) bewertet werden. Der CO_2-Äquivalent gibt an, wie viel eine festgelegte Menge eines Treibhausgases zum Treibhauseffekt beiträgt. Als Vergleichswert dient Kohlendioxid.

5 Der Begriff Abbund stammt aus dem Zimmerhandwerk. Abbinden ist das maßgerechte Anreißen, Bearbeiten, Zusammenpassen und Kennzeichnen von Schnitt- und Rundholz für Tragwerke, Bauteile und Einbauteile. [Quelle: Mönck, W. (1987): Zimmererarbeiten. Berlin: VEB Verlag für Bauwesen]

6 Erdwärmepumpen mit Tiefenbohrung weisen im Regelfall eine gerechnete JAZ von 4 bis 4,5 auf. In Realität gemessen erreichen sie im günstigsten Fall ca. 3,5 bis 4, vorausgesetzt, das Temperaturniveau im Erdreich bleibt stabil.

4.3 Ein vernünftiges Maß an Dämmung?

In Bezug auf die graue Energie stellt sich nun ein vermeintliches Paradoxon dar. Denn die Dämmkriterien des KfW 40-Energiesparhauses wurden mit dem Messehaus gerade so erfüllt und die Anforderungen an das Passiv- oder Plusenergiehaus sogar weit verfehlt. Dennoch überzeugt das Gebäude durch seine wirtschaftlichen und energetischen Vorteile. Im Ergebnis wurde günstiger gebaut, weniger gedämmt, mehr Luxus integriert (im Gegensatz zum Passivhaus kann das Gebäude auf 24° C aufgeheizt werden) und es wird gegenüber dem KfW 40-Energiesparhaus oder Passivhaus sogar weniger Primärenergie zur Gebäudetemperierung benötigt. Nicht zuletzt dieses Beispiel zeigt, dass der Zusammenhang von Gebäudetechnik und Dämmung neu gedacht werden muss.

4.4 Der Stellenwert der grauen Energie

Grundsätzlich gilt, je weniger Primärenergie zur Gebäudetemperierung benötigt wird, desto größer ist der Anteil der grauen Energie an den gesamten CO_2-Emissionen.
Diese Relation wurde am Beispiel des Messehauses durchgerechnet, indem die CO_2-Äquivalente, d.h. Treibhauspotenziale aller verwendeten Materialien der Gebäudehülle, anhand eines Datenkatalogs[7] addiert wurden. Bewertet wurden Außenwände, Decken, Dach und die Tragekonstruktion des Gebäudes. Dem Messehaus in seiner Holzbauweise wurde ein vom Energiebedarf gleichwertiger Massivbau gegenübergestellt, der die gleiche Wohnfläche und eine ebenfalls relativ ökologische Bauweise aufweist. Es handelt sich hierbei um eine dampfdiffusionsoffene Konstruktion aus Ziegelmauerwerk (T14), Betondecken und einem mineralischen Vollwärmeschutz.
Das Ergebnis der Studie überrascht. Die Entscheidung für die Holzbauweise führt zu einer Reduzierung um ca. 86 t CO_2-Äquivalenten gegenüber der Massivbauweise – ohne einen Euro Mehrkosten dafür aufbringen zu müssen. Das liegt vor allem an der CO_2-Speicherfähigkeit von Holz, das bis über 1.800 kg CO_2 pro Tonne speichern kann, sowie dem vergleichsweise geringen Energieeinsatz bei der Herstellung der Baustoffe auf Holzbasis.
Angetrieben von dem unerwartet positiven Ergebnis stellte sich das Architekturbüro Holthuizen gänzlich neue Fragen: Können die CO_2-Emissionen in diesem ganzen Prozess nicht noch weiter reduziert werden? Wenn, wie am Beispiel des Messebaus gezeigt, der EnergiePlus-Bereich erreicht wurde, wäre es dann nicht vernünftiger, noch weniger zu dämmen? Ab einer bestimmten Dämmstärke steht nämlich auch bei Dämmstoffen auf Basis von nachwachsenden Rohstoffen die dadurch entstehende Einsparung von Heizenergie in keinem Verhältnis zu der durch die Herstellung dieses Zentimeters eingesetzten Primärenergie.

Ein einfaches Rechenexempel bestätigt diesen Eindruck. Angenommen eine vierköpfige Familie würde im Holz-Messehaus wohnen und so lange mit Gas heizen dürfen, bis die gleichen CO_2-Emmissionen erreicht werden, die der gleichwertige Massivbau am Ende der Erstellung aufweist – Wie lange könnte sie wohl heizen? Die mutigsten Schätzungen lagen irgendwo bei 10 bis 20 Jahren. Tatsächlich handelt sich aber auch nicht um einen Zeitraum von 50 Jahren, sondern es ergeben sich ca. 154 Jahre, der Zeitraum von fünf Generationen!

7 Siehe: www.gutebaustoffe.de

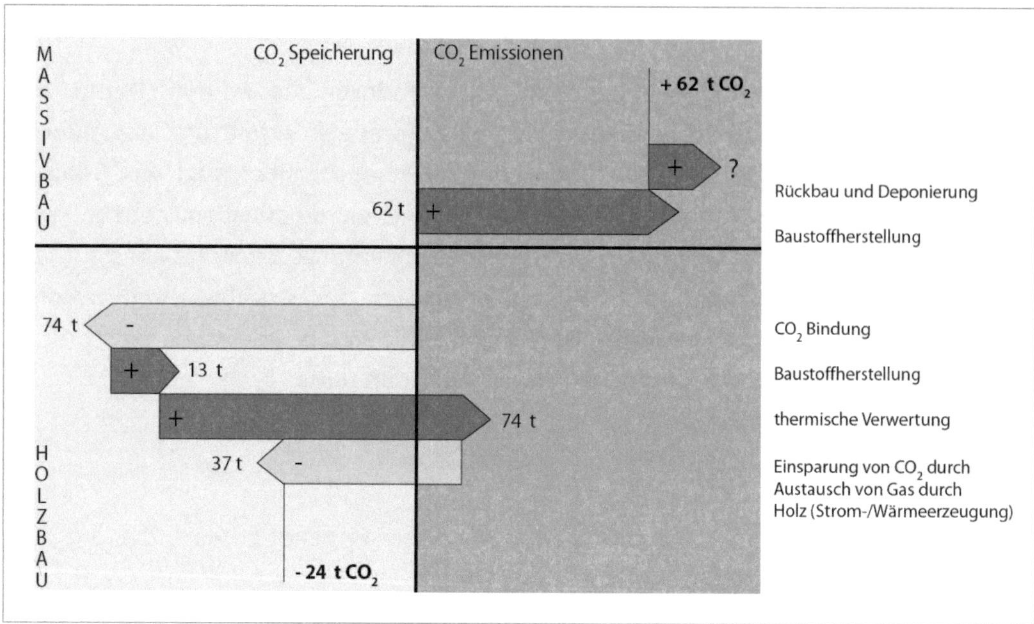

Abbildung 13: CO_2-Vergleich Massivbau – Holzbau. 86 t CO_2-Reduktion ohne einen Euro Mehrkosten

4.5 Fazit

Die Energiebilanz von Bauwerken wird durch die Themenkomplexe Gebäudehülle und Haustechnik bestimmt. Zur energetischen und wirtschaftlichen Optimierung einer Bauaufgabe müssen demnach die einzelnen Parameter dieser Komplexe anhand einer Matrix immer wieder neu bewertet werden. Dämmung ist wichtig, aber wie viel ist vernünftig? In einer ganzheitlichen energetischen Bewertung eines Gebäudes muss die graue Energie grundsätzlich beachtet werden.

Vor diesem Hintergrund ist die bald anstehende weitere Verschärfung der Energieeinsparverordnung, in der noch höhere Dämmstärken gefordert werden, kritisch zu hinterfragen. Die CO_2-Diskussion muss daher auf dieser Ebene weitergeführt werden.

Taco Holthuizen ist Architekt und sein Büro begreift die Gestaltung als kulturelle Handlung eines interdisziplinären Prozesses. Sein Büro sieht sich eigentlich in der Planung und Realisierung von solchen Objekten in der Tradition des Bauhauses, wo Kreativität, Handwerk, Synergie und Ökonomie gebündelt und vorgedacht wurden. Das heißt, es war wirklich ein Blick für das Ganzheitliche.
www.ezeit-ingenieure.eu

5 Das Solarhaus »living EQUIA«

Christoph Hey

Das Solarhaus living EQUIA schlägt die Brücke aus Ästhetik, Wirtschaftlichkeit und energieoptimierten Bauen. Auf dem Solar Decathlon Europe 2010 wurde das Haus mit einem zehnten Platz prämiert. Das Berliner Team trat dabei gegen 16 andere internationale Teams an und überzeugte mit innovativen Lösungen und dem Blick für das Ganze.

Abbildung 14: Übersicht »Villa Solar«

Im Jahr 2010 lud der Solar Decathlon Europe zum solaren Zehnkampf nach Madrid ein. In diesem internationalen Wettbewerb zählen nicht nur Aspekte der Architektur, Konstruktion und Technik, sondern auch Kriterien wie Innovation, Nachhaltigkeit, Kommunikation und die Marktfähigkeit der vorgestellten Häuser. Dabei ist der gestalterische Rahmen eng begrenzt. Die Häuser dürfen nur eine maximale Bruttogrundfläche von 74 m^2 aufweisen und müssen zudem als Plusenergie-Haus ausgelegt werden.

Der Wettbewerb setzt sich dabei zum Ziel über solares Bauen aufzuklären, erneuerbare Energien zu fördern und letztendlich Wissen über nachhaltiges Bauen in der Bevölkerung zu verbreiten. Dabei sollen nachhaltige Innovationsprozesse in Technik, Wissenschaft und Öffentlichkeit angestoßen werden. Der Wettbewerb findet in einem Turnus von zwei Jahren an verschiedenen Orten der Welt statt, zuletzt im sommerlichen Madrid, öffentlichkeitswirksam, unweit des Zentrums und in der Nähe des königlichen Palastes. Die »Villa Solar«, wie sie die Spanier nennen, ist dabei ein öffentliche Ausstellung. Zugang wurde nicht nur dem versierten Fachpublikum gewährt, sondern jedem Interessierten.

5.1 »living EQUIA – living Ecological QUality and Integration of Ambience«

Insgesamt 21 internationale Hochschulteams stellten sich der anspruchsvollen Herausforderung, wovon 19 Finalisten ihre Entwürfe zum Schluss in die Tat umsetzen konnten. Die beteiligten Teams kamen dabei aus aller Welt: China, den USA, Brasilien und Deutschland. Unter den insgesamt vier deutschen Teams war auch das Berliner Team »living EQUIA«, welches sich aus Mitgliedern von drei Berliner Hochschulen zusammensetzt. Darunter sind Studierende der HTW Berlin, der Beuth Hochschule und der Universität der Künste. Das Team wurde von den Studenten geleitet, die sich in einer relativ flachen Hierarchie selbst organisiert haben und über ihren Organisationsapparat dann mit den Professoren und der Hochschule verbunden waren. Es wurde somit alles in Selbstverwaltung realisiert.

Der Entwurf des living EQUIA Hauses war gewagt und in jedem Fall ein Blickfang auf der »Villa Solar«. Das Gebäude mit Satteldach und dunkler Fassade überzeugt durch seine futuristische Ästhetik, Funktionalität und nachhaltige Bauweise. Um Energieverluste zu minimieren, griff man bei der Umsetzung des Gebäudes bewusst auf eine kompakte Grundform zurück.

Abbildung 15: Impressionen vom Entwurf des »living EQUIA«-Hauses

Für einen maximalen solaren Gewinn wurde die Neigung des Daches optimiert und die Grundform der Box im Grundriss gedreht, sodass das Dach nach Süden ausgerichtet ist. Die vorgegebene Grundfläche von 74 m² wurde dabei nicht überschritten. Durch den starken Wandaufbau wird die daraus resultierende Wohnfläche relativ klein. Dem Team war es dabei dennoch wichtig für einen angenehmen Wohnkomfort zu sorgen. Um den kleinen Wohnraum optimal zu nutzen, fiel die Entscheidung deshalb auf einen kompakten Funktionskubus, in dem der Technikraum, die Küche und das Bad installiert sind. Das bietet den Vorteil einer effizienten Rohrführung und ermöglicht eine relativ großzügige Wohnfläche.

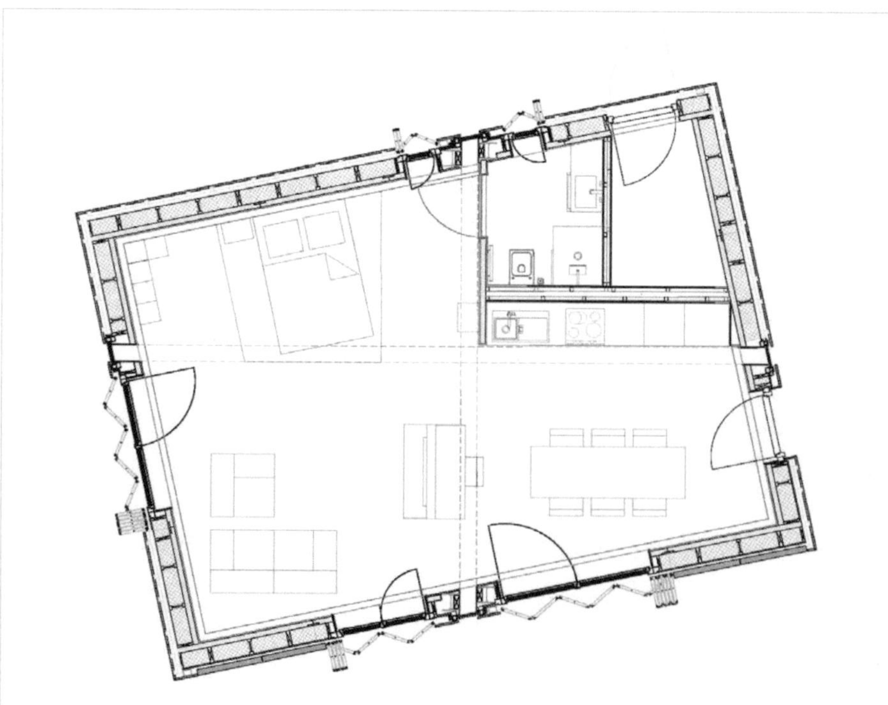

Abbildung 16: Grundriss des »living EQUIA«-Hauses: Ein-Raum-Wohnung; Grundfläche 74 m², davon ca. 46 m² Wohnfläche; flexible, individuelle Wohnraumaufteilung; Funktionskubus im Nordosten

Von der ersten Idee bis zur Umsetzung vergingen zwei Jahre. Modelle und Simulationen konnten dabei nur ein abstraktes Bild von der reellen Erscheinung eines Gebäudes geben. Es ist daher umso erfreulicher, wenn das Ergebnis sogar die eigenen Erwartungen übertrifft. Am realen Objekt sichtbar wurde ein Lichteffekt, der nicht erwartet wurde. Zudem brachten die Integration und Umsetzung der Solaranlagen, der Verschattungsmodule und der Aufdachanlage den ersten Preis im Wettkampf »Solar-Systems«.

Abbildung 17: Impressionen zum »living EQUIA«-Haus [Quelle: SAMBA Fotografie]

Der weiße Innenraum bietet einen gelungenen Kontrast zur abgeflammten Holzfassade. Für den Innenausbau kamen ebenfalls ökologische Baustoffe zu Anwendung, die pflegeleicht sind und durch moderne Ästhetik überzeugen. Verputzte Lehmbauwände und ein Fußboden aus grauen Kautschukfließen geben dem Raum eine harmonische Atmosphäre.

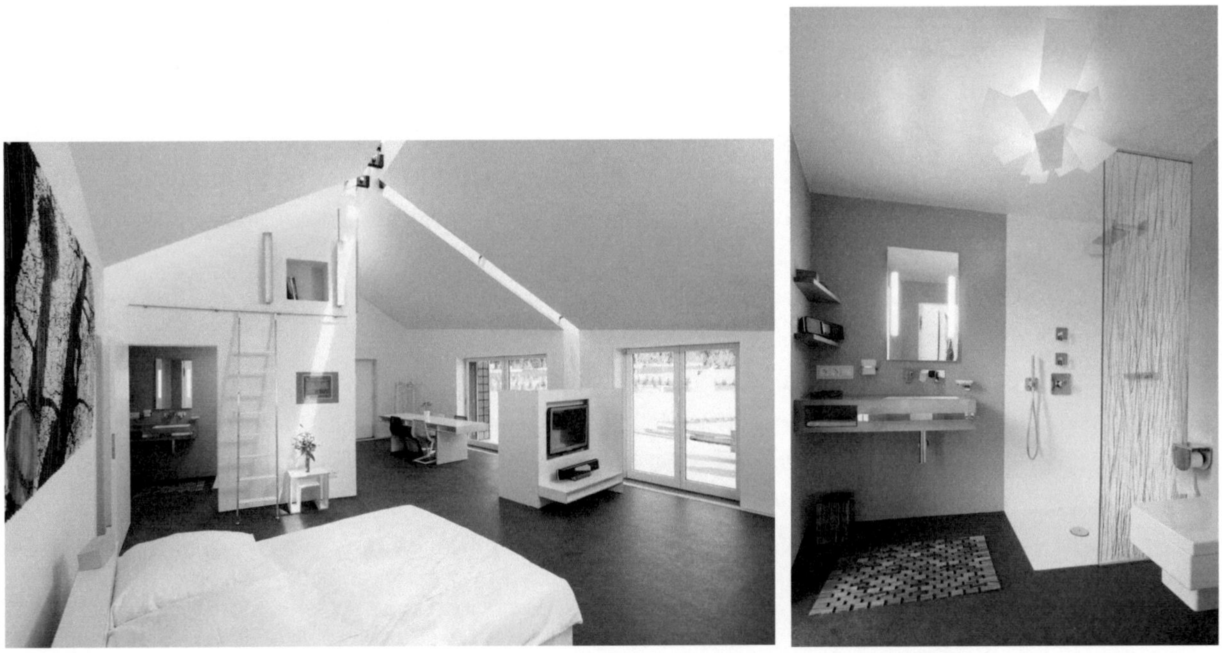

Abbildung 18: Innenansichten des »living EQUIA«-Hauses [Quelle: SAMBA Fotografie]

5.2 Sonnenlicht – Ästhetisches und energetisches Potenzial

Durch die dynamische Bauform und Ausrichtung auf die Sonne maximiert das »living EQUIA«-Haus die Tageslichtausnutzung. Hierfür ist das Dach direkt nach Süden ausgerichtet und mit Solarpaneelen ausgestattet. Fassade und Haus werden zudem durch zwei Glasachsen durchschnitten. Der Innenraum kommt somit weit bis in die Abendstunden ohne zusätzliche Lichtquellen aus. Die gesamte Gebäudehülle verzeichnet nur geringe Transmissionswärmeverluste. Opake Bauteile sind im Mittel mit einem U-Wert von 0,14 realisiert[1]. Der Wärmedurchfluss bei unterschiedlichen Temperaturen im Innen- und Außenbereich ist dementsprechend gering.

Abbildung 19: Simulation von Wärmebrücken

Hierfür hat sich das »living EQUIA«-Team intensiv mit Wärmebrücken beschäftigt. Es wurden konkrete Schichtaufbauten der Kühldecke nachgebaut, um herauszufinden, wie hoch die konkreten Oberflächentemperaturen im Inneren sind. Mit den Daten konnte dann eine dreidimensionale Fluid-Simulation durchgeführt werden, um genau zu ermitteln, wie der Wärmeverlauf und die Luftströmungen im Haus sind.

5.3 Zweckdienliche Häuser sind den Umständen angepasst

Zur energetischen Optimierung eines Hauses gehört eine zweckdienliche Ausführung des Gebäudes. Gebäudehülle und Anlagetechnik müssen dabei auf die jeweilige Funktion speziell zugeschnitten werden. Beim »living EQUIA«-Haus wurde dies während der Konzeption und Umsetzung mit einbezogen. Insbesondere zwei Herausforderungen musste das Gebäude gerecht werden. Zum einen durfte eine maximale Bruttogrundfläche von 74 m² nicht überschritten werden und zum anderen, sollte eigens für den Wettbewerb das Haus für öffentliche Führungen zugänglich sein. In der Konsequenz führte dies zu einer kompakten Bauweise und einem Teilkompromiss in der Gebäudetechnik. Mit der Anlagengröße der eingesetzten Technik kann man ein Haus versorgen, das mindestens doppelt so groß wäre. Zudem hat das Haus ein Entlüftungsgerät, das nicht zwingend erforderlich ist. Für die Besucherführungen während des Wettbewerbs war es aber wichtig, weil zeitweilig die Temperatur innerhalb von einer Stunde um mehrere Grad Celsius gekühlt werden musste.
Den Umständen geschuldet, musste auf dem Wettbewerb im warmen Madrid eine hohe Kühllast bewältigt werden. Dies wurde mit einer handelsüblichen Solarthermie Anlage samt Schichtenspeicher und Wärmepumpe realisiert. Letztere wurde mit einem Wasserspeicher verbunden, der außerhalb des Hauses für eine Tag-Nacht-Angleichung sorgt.
Das Prinzip ist einfach: Nachts wird Wasser im Speicher gekühlt, indem es mit einem verhältnismäßig kleinen Energieaufwand auf das Dach gepumpt wird. Dort befinden sich Abstrahlflächen, die Wärme über langwellige Strahlung an den klaren Nachthimmel abgeben. Am nächsten Tag ist schließlich wieder ausreichend gekühltes Wasser im Tank, um das Haus auf eine angenehme Temperatur zu bringen. Energie wird im Endeffekt nur für die Pumpen benutzt.

1 Der U-Wert gibt an, wie viel Wärmeenergie je Zeiteinheit durch einen Quadratmeter eines Bauteils hindurchgeht, wenn zwischen der Innen- und der Außenseite ein Temperaturgefälle von 1 K (= 1 °C) herrscht.

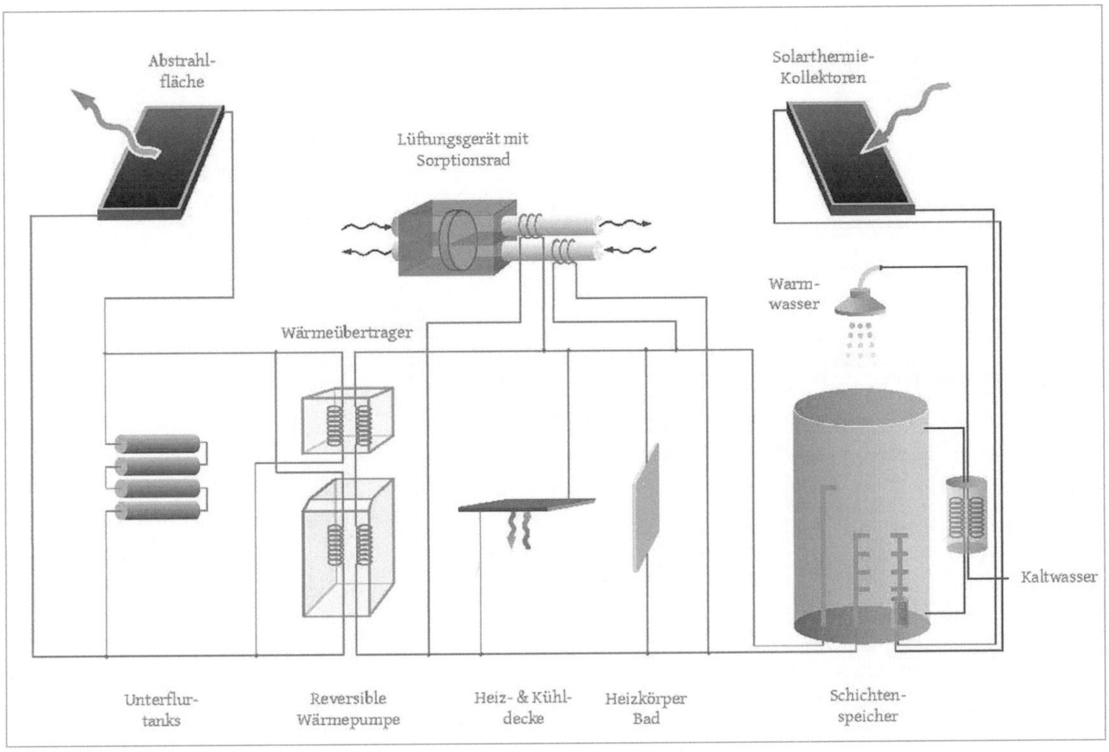

Abbildung 20: Heiz- und Kühlkonzept in einer grafisch vereinfachten Version [Grafik: Martin Hofmann]

In der energetischen Betrachtung dominiert häufig der Heizfall. Gebäude werden somit zwar relativ energiesparend in den kalten Jahreszeiten betrieben, benötigen in wärmeren Jahreszeiten dann aber vergleichsweise viel Energieaufwand. Bei den Bilanzierungen wurde im Vergleich zwischen dem Kühlfall in Madrid und dem Heizfall in Berlin deutlich, dass der Kühlfall wirklich die maßgebende Basis ist, um das System auszulegen. Es wird fast immer nur der Heizfall betrachtet, oft ist der Kühlfall aber wichtiger. Hier zeigt sich, wie wichtig eine energetisch ganzheitliche Betrachtung eines Gebäudes ist.

5.4 Verbrauchsorientierte Stromerzeugung statt Materialschlacht

Für die Stromerzeugung setzte man beim »living EQUIA«-Haus auf eine Photovoltaikanlage. Den größten Ertrag von 4,6 kWp bringen dabei die auf dem Süddach montierten Paneele. Einen nicht zu vernachlässigenden Beitrag leistet aber auch eine im Sonnenschutz des Hauses integrierte Photovoltaik. Diese wird aktiv, wenn der Sonnenschutz des Hauses geschlossen wird. Das System bewährt sich. Selbst für den Standort Berlin ergeben sich Werte, die den Verbrauch aufs Jahr gerechnet übersteigen. Prinzipiell kann auch eine Batterie dazwischen geschaltet werden. Das Haus bietet hierfür genügend Platz, sodass es als Inselsystem genutzt werden kann. Der Wettbewerb hatte vorgegeben, dass das Haus am Netz hängt und alles einspeist. Die Entscheidung, mit »living EQUIA« relativ nah am Verbrauch zu bleiben, also nicht übermäßig viel Solaranlagen zu bauen, berücksichtigte das Thema der grauen Energie. Die Absicht war deshalb, nicht mit einer Materialschlacht zu arbeiten, um möglichst Punkte herauszuholen, wie es andere Teams gemacht haben, deren Haus mit einem 12 kWp am Netz hing, sondern verbrauchsgerecht zu bauen.

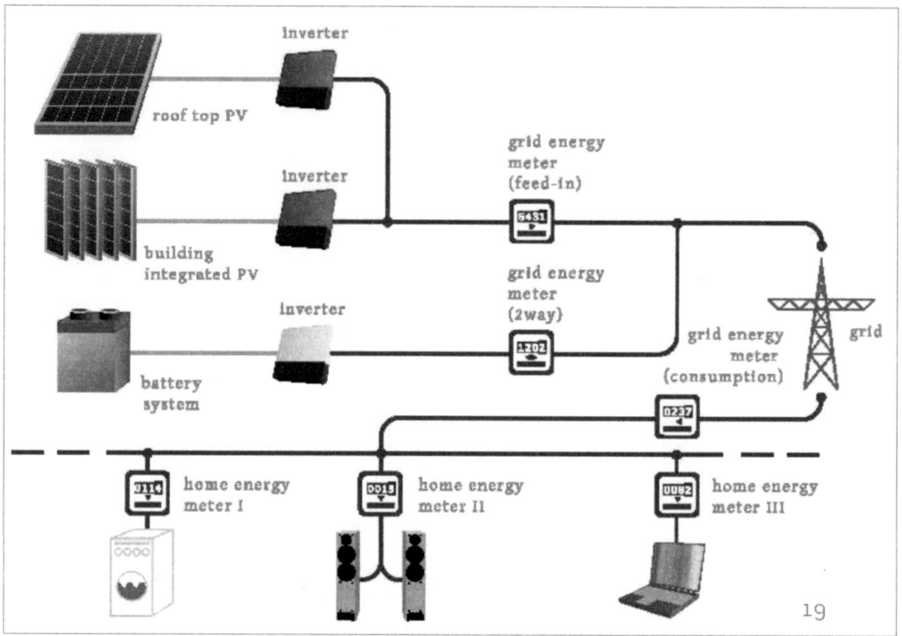

Abbildung 21: Stromerzeugung im »living EQUIA«-Haus [Quelle: Hey et al.]

Im Verbrauch mitgerechnet ist dabei die gesamte Hausautomation. Im Mittelpunkt steht der Versuch einer zentralen Steuerlösung für die gesamte Gebäudetechnik. Im »living EQUIA«-Haus wurden hierfür von der Wärmpumpe bis zur Verschattung alle Komponenten in einem Netzwerk zusammengeschaltet. In der Konsequenz kann das Haus im Prinzip nahezu autark und ohne Betreiber laufen. Schlussendlich ist es sogar möglich, über ein iPhone, wenn man nicht vor Ort ist, die Verschattung zu öffnen oder zu schließen. Das Wichtige dabei ist aber, dass Benutzerfreundlichkeit und Energieeffizienz noch im Vordergrund stehen.

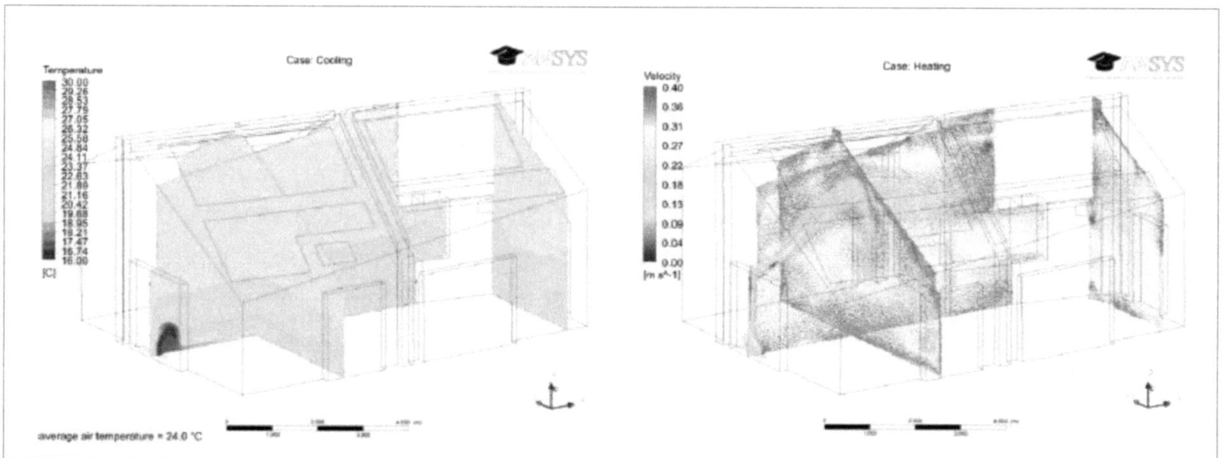

Abbildung 22: Simulation von Heiz- und Kühlfall [Quelle: Hey et al.]

Das auf dem Wettbewerb Solar Decathlon Europe ausgestellte »living EQUIA«-Haus stand in Madrid und befindet sich mittlerweile wieder in Berlin. Beim Wettbewerb in Madrid schaffte man den Aufbau in nur acht Tagen, was der praktischen Elementbauweise geschuldet ist und darüber hinaus auch einen relativ kostengünstigen Transport ermöglicht. Architektur und Konstruktion bieten aber noch mehr innovative Lösungen. Die Fassade besteht aus Lärche-Dreischichtplatten.
Aus der Architektur und Ästhetik heraus, aus dem Raster, das diese PV-Anlage bietet, wurde die Fassade entwickelt.

Abbildung 23: Das fertige »living EQUIA«-Haus und seine Erbauer

Abbildung 24: Werkstraße zur Produktion von Wand- und Dachmodulen

Die Aufdachanlage besteht aus rahmenlosen PV-Modulen von Solon, die ursprünglich für Architekten konzipiert wurden, damit sie auch schöne PV-Module an ihre Häuser anbringen können. Daraus wurde dann das Raster entwickelt, welches den klaren Baukörper des Hauses wie eine Haut überzieht, die konstruktiv und zugleich technisch ist.

Bei der Gestaltung der Holzplatten wurde eine Färbung gewählt, die sich den PV-Modulen annähert, eine Gestaltung, die ökologisch, innovativ und nachhaltig ist. Das Holz wurde geflammt. Das Holz ist also nicht lackiert oder chemisch behandelt. Die Platten wurden per Hand mit einem normalen Abflammgerät geflammt. Das Konzept des Verkohlens des Holzes zum Schutz ist uralt und wird für verschiedene Anwendungen in verschiedenen Kulturen noch heute gebraucht; eine besondere Symbiose aus moderner Gebäudetechnik und natürlichen Werkstoffen.

Architektonisch hebt sich das »living EQUIA«-Haus durch seine puristische Eleganz von seiner Umgebung ab. Dabei muss es aber kein Einzelstück bleiben. Denn in der Konzeption wurden auch Wirtschaftlichkeit und Marktfähigkeit mit in die Betrachtung einbezogen. So wurden Wand und Dachmodule des »living EQUIA«-Hauses bei einem Fertighausbau auf einer Werkstraße realisiert. Die Bodenteile sind in einfacher Holzrahmenbauweise gearbeitet und für die Dämmung kamen Holzfasern zum Einsatz. Größere Stückzahlen könnten also ohne weiteres in Zukunft umgesetzt werden.

5.5 Weniger Aufwand führt zu weniger grauer Energie

Abbildung 25: Aufbau des »living EQUIA«-Hauses

Aus Gründen der Modularität sowie des schnellen Auf- und Abbauens kam für das »living EQUIA«-Haus ein Dreigelenkrahmen aus Stahl zum Einsatz. Dieser bildet das tragende Zentrum für die darauffolgende Massivtafelbauweise, die mit einer 24cm-Dämmung aus Holzwolle versehen ist. Holz ist als Baustoff flexibel einsetzbar und überzeugt zusätzlich durch seine günstige Umweltbilanz. Für den Brandschutz wurde der Innenraum komplett mit Lehm eingekleidet. Dieser hat den bauklimatischen Vorteil, dass er Luftfeuchte passiv aufnehmen und abgeben kann. Für die bauliche Umsetzung konnte das »living EQUIA«-Team auf Kühlflächenelemente aus Lehm des Herstellers Lebast zurückgreifen, die bereits mit Kapillar-Rohren versehen sind. Die Alternative zu Lehm wäre zweilagiger Gipskarton gewesen, der im groben Schnitt etwa zehnmal so viel graue Energie enthält.
Das »living EQUIA«-Haus unterlag einem aufwendigen Planungsprozess. Das Ergebnis ist ein durchdachtes Gebäude, das durch sein Design und vor allem aber durch seine Funktionalität besticht. Für komplexe Problemstellungen wurden einfache, aber effiziente Lösungen gefunden.

Christoph Hey ist Architekturstudent und arbeitet am Lehrstuhl für Tragwerkslehre der Universität der Künste Berlin. Darüber hinaus ist er als Teamleiter Architektur, Gestaltung und Statik Mitglied des »living EQUIA«-Teams Berlin (HTW Berlin, Beuth Hochschule für Technik Berlin, UdK Berlin), das sein Projekt »living EQIUA« am Solar Decathlon Europe 2010 in Madrid vorgestellt hat. Der Solar Decathlon Europe ist ein technisch-interdisziplinärer Wettbewerb, bei dem Studententeams aus aller Welt ein Haus entwerfen und auch bauen, dessen Energiebedarf allein durch Sonnenenergie gedeckt wird.
hey@udk-berlin.de
www.living-equia.com/de

6 Dienstleistungs- und Verwaltungszentrum Barnim

Michael Abramjuk

Verwaltungsgebäude sind Anlaufpunkt von vielen Bürgern. Sie müssen daher eine Vielzahl von Kriterien erfüllen. Wirtschaftlichkeit und Funktionalität stehen hier an erster Stelle. Der Neubau des Dienstleistungs- und Verwaltungszentrums Barnim konnte dem gerecht werden und überzeugt darüberhinaus durch sein außergewöhnliches energetisches Konzept.

Abbildung 26: Dienstleistungs- und Verwaltungszentrum Barnim von oben [Quelle: GAP]

Der moderne Städtebau muss viele Brücken schlagen. Er muss gesellschaftliche Aspekte wahrnehmen, Umweltschutz integrieren und darüber hinaus wirtschaftlich sein und bleiben. Im Jahr 2003/04 gewann das Architektenbüro der Gesellschaft für Architektur und Projektmanagement (GAP) den Wettbewerb für den Neubau des Verwaltungs- und Dienstleistungszentrum Barnim in Eberswalde.

Im Jahr 2007 wurde der Komplex eröffnet und zählt seither zu den modernsten ökologischen Verwaltungsgebäuden Deutschlands. Der Verwaltungsbau trägt den Namen des berühmten Stadtsohns Paul Wunderlich (1927–2010). Zu Ehren des Grafikers und Bildhauers beherbergt das Paul-Wunderlich-Haus eine große Dauerausstellung. Das Verwaltungszentrum ist somit Anlaufpunkt von vielen verschiedenen Menschen aus unterschiedlichen Beweggründen.

6.1 Städtebau mit gesellschaftlichem Bezug

Vor dem Neubau des Verwaltungszentrums war die alte Kreisverwaltung von Barnim mit ihren 550 Mitarbeitern auf insgesamt acht Standorte in Eberswalde verteilt. Die Kreisverwaltung hatte sich für den Neubau einen zentralen Ort und eine zentralisierte Lösung zum Ziel gesetzt. Hierfür bot sich schließlich der alte Pavillonplatz in der Stadtmitte an, eine städtebauliche Brache, die 1945 in den letzten Tagen des Krieges zerstört wurde und seitdem baulich nicht mehr gefasst werden konnte.

Das Architektenbüro stand deshalb vor verschiedenen Herausforderungen. Der Neubau sollte sich vollständig in das Stadtbild integrieren und darüber hinaus zu Verbesserungen führen. Die »Stadtreparatur«, wie sie der Projektleiter Michael Abramjuk nennt, verfolgte dabei drei Ziele: Zum einen sollte die alte Blockstruktur in der Umgebung des Pavillonplatzes wieder vervollständigt werden. Zum anderen sollten aber auch alte Straßenverläufe wiederhergestellt werden. Nicht zuletzt sollte der Neubau aber auch die Verbindung zu verschiedenen Stadträumlichkeiten aufnehmen. Das gesamte Bauvorhaben unterlag dabei einer beschränkten Bauhöhe, die es zu beachten galt. Das Projekt wurde in fünf einzelne Blöcke aufgeteilt, die durch verschiedene Bauwerke verbunden sind und somit wie ein Gebäude funktionieren können. Die funktionalen Blöcke nehmen jeweils ein Dezernat der Kreisverwaltung auf.

Die Aufteilung in funktionale Blöcke hat noch einen weiteren Vorteil. Kommt es beispielweise zu einer Verwaltungsreform, können einzelne Teile aus der Baulichkeit wieder gelöst werden und anderweitig genutzt werden.

Das ist durch diese Struktur möglich, weil jedes Haus auch autark für sich allein funktionieren kann. Durch den modularen Aufbau kann das Gebäude so über lange Zeit flexibel genutzt werden. Damit verwirklicht es einen Leitgedanken des nachhaltigen Städtebaus.

Abbildung 27: Gesellschaftliche Projektziele [Quelle: GAP]

6.2 Komfortable Funktionalität

Innerhalb der Bürostruktur befinden sich verschiedene Medien, wie elektrischer Strom, Lüftung, Lüftungsauslässe und die Beleuchtung im Mittelbereich. Die Beheizung befindet sich an der Fassade. Dank des modularen Aufbaus ist es möglich, jede beliebige Bürostruktur zu realisieren.

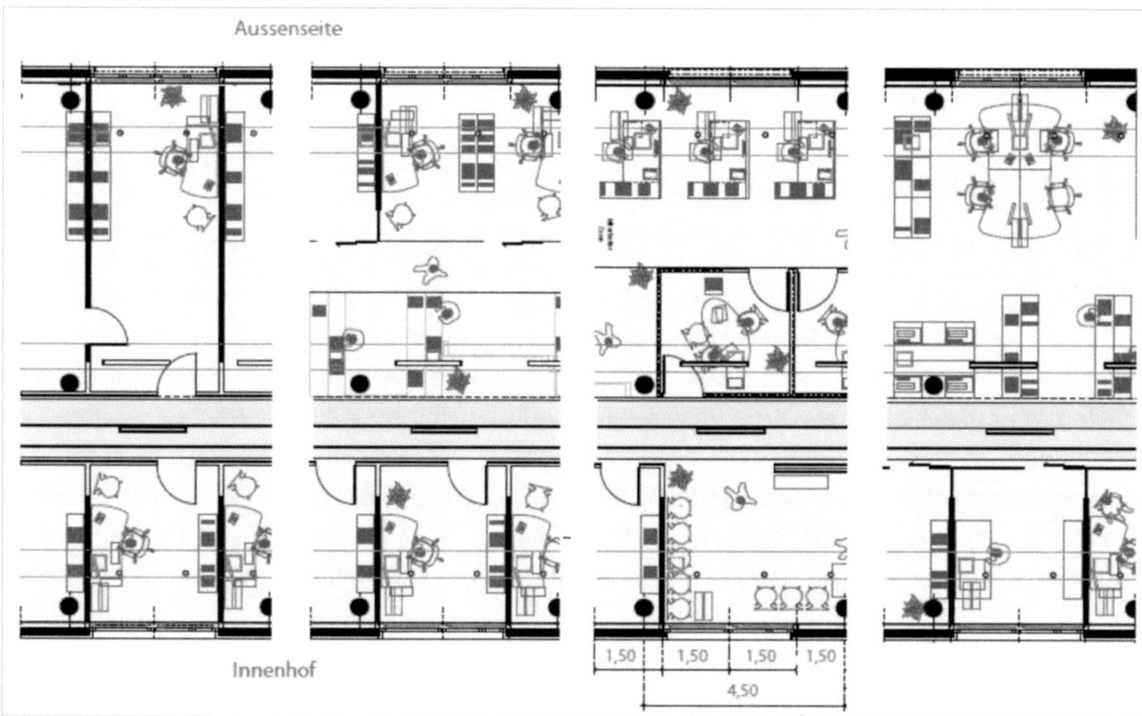

Abbildung 28: Stilisierter Ausschnitt der Bürostruktur [Quelle: GAP]

In Abbildung 28 ist ein Grundriss mit je vier verschiedenen Bürosystemen zu sehen. Es sind zum Beispiel einzelne Bürozellen denkbar, die sich zu den Innenhöfen und der Außenseite anordnen. Es ließe sich aber auch ein Kombizonenbereich einrichten, d.h. ein gemeinschaftlich nutzbarer mittlerer Bereich, der wiederum von kleineren Büroeinheiten umgeben ist. Nicht zuletzt wären aber auch Gruppen- und Großraumbüros möglich. Bei der Planung schenkte man auch den Wünschen des Bauherren Beachtung, der sich eine Art Kontaktraum vorstellte, in dem der Besucher mit den Bearbeitern zusammentreffen kann. Der Verwaltungsneubau ist also äußerst flexibel – sowohl in seiner gesamten funktionellen Ausrichtung als Gebäude als auch in seiner räumlichen Nutzung.

Abbildung 29: Tageslichtqualität durch polygonale Raumaufteilung [Quelle: GAP]

Neben seiner Funktionalität bietet der Neubau aber auch sonst recht komfortable und praktische Lösungen. Die einzelnen Gebäudeblöcke haben eine polygonale Aufteilung. In Verbindung mit dem hohen Fensteranteil an der Fassade ermöglicht dies eine hohe Tageslichtqualität, was wiederum hilft, den Energieaufwand für die Beleuchtung zu reduzieren. Im Flurbereich befinden sich verkleidete Lüftungsleitungen, die aktiv die Decke kühlen oder wärmen. Die eigentlichen Deckenbereiche sind dabei nicht abgehängt.
Wegen der Vielzahl an schallharten Oberflächen mussten Maßnahmen zur Minimierung der akustischen Belastung getroffen werden. Für die Deckenverkleidung kamen zementgebundene Holzwolle-Leichtbauplatten zum Einsatz. Diese sehr stark und grob strukturierten Platten trifft man sonst häufig an Kellerdecken oder in Parkhäusern an. Für den Einsatz in einem Bürobau mussten diese erst mit einer exakten Verarbeitung tauglich gemacht werden. Jedes Wandstück, bei dem es in irgendeiner Form möglich war, wurde akustisch wirksam gestaltet. Neben Holzwolle-Leichtbauplatten fanden hierfür auch flexible einsetzbare Deckensegel Verwendung.

6.3 Energieoptimiert bauen

Die Gesellschaft für Architektur und Projektmanagement (GAP) realisiert energieeffiziente Gebäudekonzepte. Beim Neubau des Verwaltungs- und Dienstleistungszentrum Barnim kamen hierfür verschiedene Konzepte zum Tragen.
Zum einen hielt man sich in der Grundform an die Kompaktbauweise. Durch das Aufteilen in Blöcke erhielt man ein relativ günstiges Oberflächen-Volumen Verhältnis (A/V). Dieses beschreibt die Relation von der Oberfläche (A) zum Volumen (V) eines Gebäudes. Es gilt: Je kleiner die Oberfläche zum Gesamtvolumen des Gebäudes, desto kleiner der Wärmeverlust über die Oberfläche. Im Fall des Verwaltungs- und Dienstleistungszentrums Barnim liegt das A/V-Verhältnis reduziert bei 0,27 bis 0,33. Wie bereits beschrieben, bieten die aufgeteilten Gebäudeblöcke aber auch den Vorteil der flexiblen Nutzung. Hierfür wurden die funktionalen Blöcke nicht nur autark konzipiert, sondern erhielten auch

eine eigene Identität – durch möglichst individuelle Fassaden. Der Aufbau der Fassaden besteht dabei aus Holzelementen, die außenseitig entweder mit Faserzementplatten oder mit Putzträgerplatten verkleidet wurden. Die Geschossdecken sind aus Beton hergestellt.

Verwaltungs- und Bürogebäude galten lange Zeit als Energieschleudern. Umso wichtiger ist ein durchdachtes Energiekonzept. Bei diesem Bauprojekt konnte man hierfür erfolgreich auf Geothermie zurückgreifen – dies aber nicht ganz unproblematisch: Der Baugrund erwies sich als kompliziert. Ein sehr wasserhaltiger, schlecht tragfähiger Baugrund, der zugleich ein Bodendenkmal ist, weil er in dem mittelalterlichen Stadtring liegt. Für die Erdwärmenutzung wurden Betonpfähle in den Boden eingelassen, die mit Sole-Leitungen versehen sind. Je nach Bedarf kann die geothermische Energie mittels Wärmepumpe zum Heizen und zum Kühlen genutzt werden.

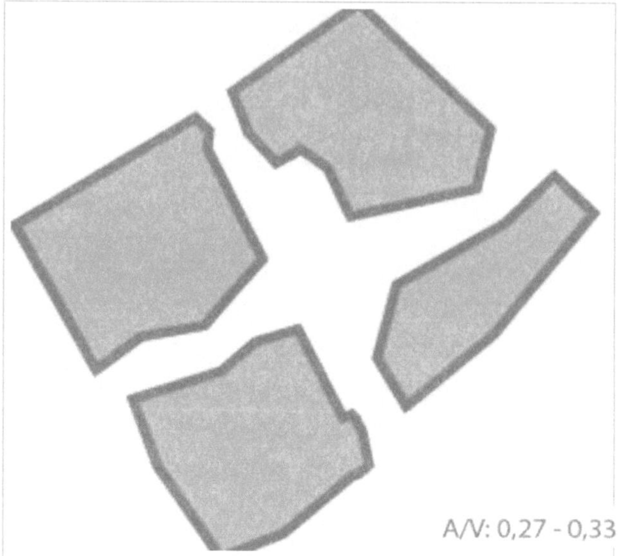

Abbildung 30: Reduzierung des A/V-Verhältnisses durch Aufteilung in Blöcken [Quelle: GAP]

Für die richtige Temperierung des Gebäudes spielt vor allen das Belüftungsmanagement eine entscheidende Rolle. Hierfür wurde eine effiziente Lösung gefunden. Ein Aspekt der Lüftung ist die nächtliche Temperatursenke im Sommer. Um diese für die Temperierung des Gebäudes zu nutzen, gehen in den kühlen Nachtstunden an den Außenseiten des Gebäudes Lüftungsöffnungen auf. Durch die thermische Luftbewegung der erhitzten Luft im Innenbereich wird kühle Nachtluft ohne mechanische Unterstützung in die Bürobereiche gesaugt. Für die Beheizung der Büroräume spielt die Belüftung ebenfalls eine wichtige Rolle. Neben der Fußbodenheizung/-kühlung im Kombizonenbereich und den statischen Heizkörpern an den Fenstern erfolgt eine Bauteilaktivierung über die Lüftungsleitungen in den Betondecken.

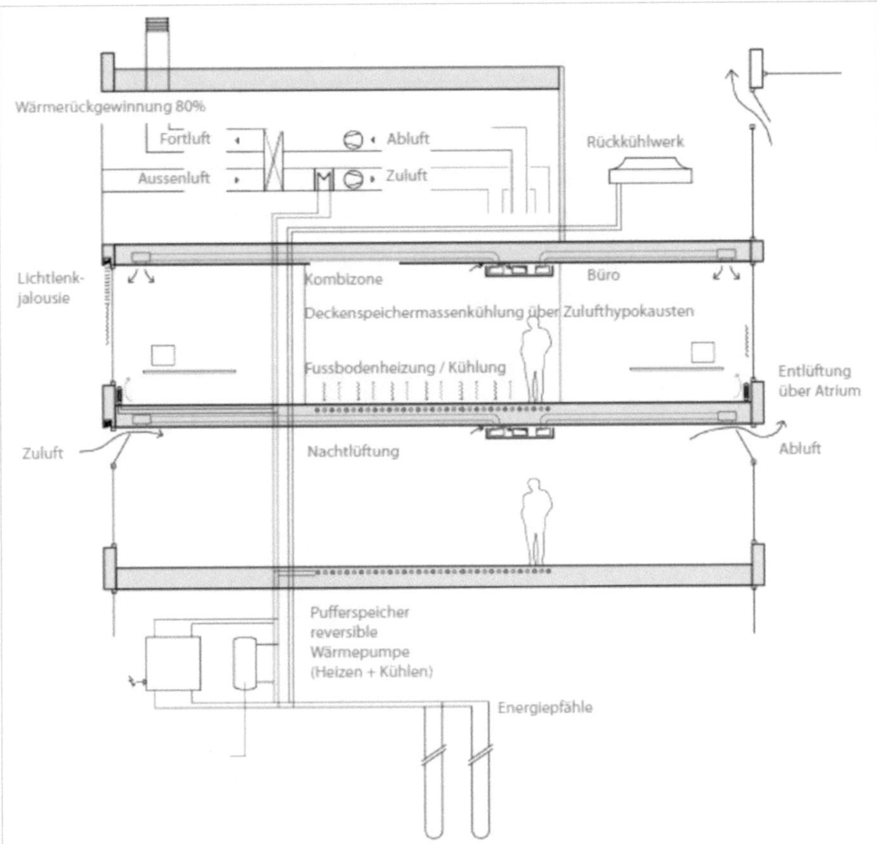

Abbildung 31: Heizkonzept des Dienstleistungs- und Verwaltungszentrums Barnim [Quelle: teamgmi]

Neben Kompaktbauweise, Geothermie und Belüftungsmanagement gehört eine optimierte Tageslichtnutzung zum Energiekonzept. Ein Fensteranteil von knapp 50 % der Fassadenoberfläche und der Verzicht auf Fensterstürze gewährleistet dies. Der Tageslichtkoeffizient in den Büroräumen ist entsprechend hoch. In den lichtstarken Monaten kann die Sonneneinstrahlung aber auch stören. Für diesen Fall gibt es ein außenliegendes Sonnenschutzsystem mit einer Lichtsteuerung im oberen Bereich. Fährt das Sonnenschutzsystem herunter, richten sich die Lamellen im oberen Bereich so aus, das dennoch genügend Licht in die Räume eindringen kann. Zusätzlich gibt es im Innenbereich einen Blendschutz, der individuell eingestellt werden kann. Die Bürobeleuchtung wurde optimiert und besteht ausschließlich aus Stehleuchten. Diese sind dem jeweiligen Arbeitsplatz zugeordnet und sorgen dort für eine optimale direkte sowie indirekte Ausleuchtung. Die Steuerung erfolgt dabei durch Präsenzmelder und Tageslichtsensor an jeder Leuchte.

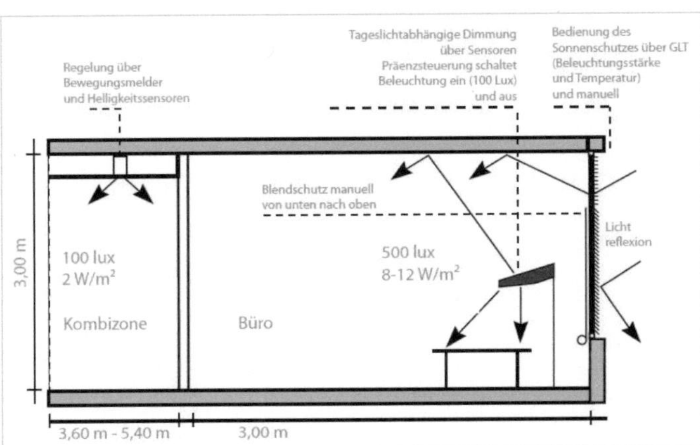

Abbildung 32: Konzept der Tageslichtnutzung im Dienstleistungs- und Verwaltungszentrum Barnim

6.4 Graue Energie und Lebenszykluskosten

Für den Bau des Verwaltungs- und Dienstleistungszentrums Barnim wurden eine Umweltbilanz und eine Lebenszykluskostenberechnung erstellt. D.h. es wurden nicht nur temporäre, sondern auch zukünftige ökologische und ökonomische Belastungen erhoben. Beim Bau kamen verschiedene Fassadenkonstruktionen zum Einsatz, die in Abbildung 33 nach energetischen und ökologischen Kriterien dargestellt werden. Die vergleichende Darstellung der Fassadenkonstruktionen zeigt, dass Holzrahmensysteme im Durchschnitt die niedrigste Umweltbelastung der aufgeführten Fassadenaufbauten erzeugen. Durch einen hohen Anteil an erneuerbarer Primärenergie bei der Herstellung und der Eigenschaft große Mengen an CO_2 zu speichern halten das Treibhauspotenzial, das mit seinem Einbau und seiner Verwendung einhergeht niedrig. Beim Bau setzte man bei den Fassaden auf maximalen Einsatz von Holzrahmenelementen mit Außenverkleidungen aus Faserzement- und Putzträgerplatten. Geschossdecken und Dächer sowie alle lastabtragenden Stützen und Wände wurden in Stahlbeton hergestellt. Bei der Bilanzierung der Glasfassade in der Lebenszyklusbetrachtung wurde deutlich, dass die Umweltbelastung durch Pflege, Reinigung und Betrieb deutlich höher ist als die Umweltbelastung durch Fabrikation und Einbau.

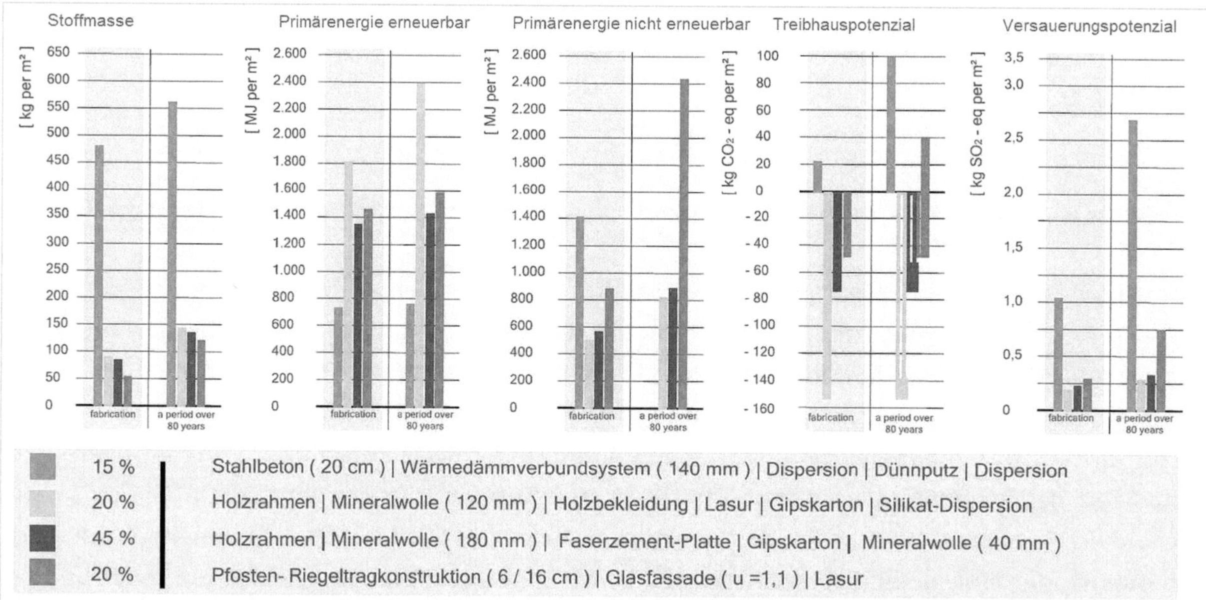

Abbildung 33: Umweltbelastung des Dienstleistungs- und Verwaltungszentrums Barnim [Quelle: GAP]

6.5 Deutlich reduzierter Primärenergieaufwand bei vergleichbaren Kosten

Vergleicht man das Paul-Wunderlich-Haus mit einem typischen Büroneubau, dann fällt der deutlich reduzierte End- und Primärenergieverbrauch ins Auge. Der Neubau des Dienst- und Verwaltungszentrums Barnim zeigt, dass hohe Energiesparpotenziale bei gleichzeitiger Wirtschaftlichkeit baulich realisiert werden können. Durch die gezielte Durchführungsplanung konnte ein Quadratmeterpreis realisiert werden, der im unteren Teil für Bürogebäude mit mittlerem Standard liegt, und das trotz – oder gerade wegen – der ökologischen Bauweise und dem geringen Einsatz grauer Energie. Der bauliche Standard im Paul-Wunderlich-Haus liegt dabei im oberen Bereich eines Bürogebäudes des mittleren Standards.

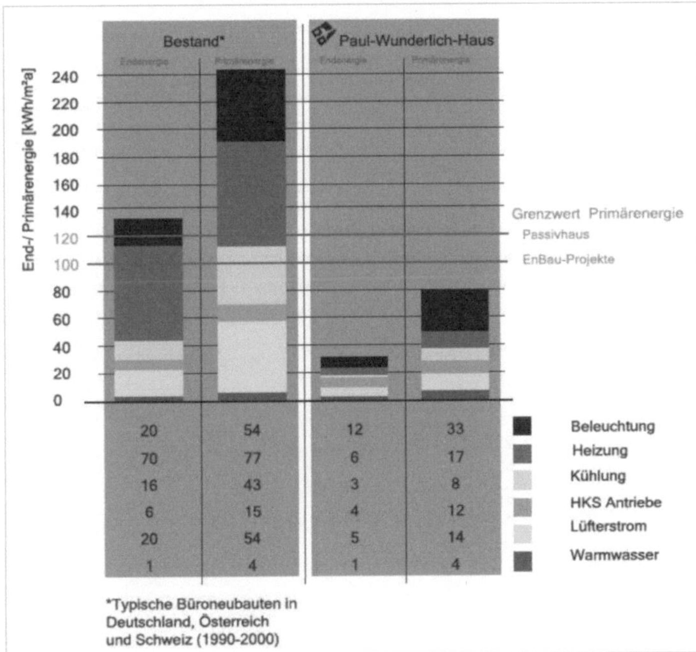

Abbildung 34: End- und Primärenergieverbrauch des Paul-Wunderlich-Hauses im Vergleich zu typischen Büroneubauten [Quelle: GAP]

Die geplanten Zielwerte für den Primärenergiebedarf von 100 kWh/m²a werden im Betrieb erreicht und sogar unterschritten. Dies wurde durch ein dreijähriges Langzeitmonitoring nachgewiesen. Die Wissenschaftler der Brandenburgischen technischen Universität Cottbus, die das Monitoring durchgeführt haben, gehen davon aus, dass der Primärenergieverbrauch weiter reduziert werden kann, wenn der Gebäudebetrieb entsprechend den Ergebnissen aus dem Monitoring optimiert wird.

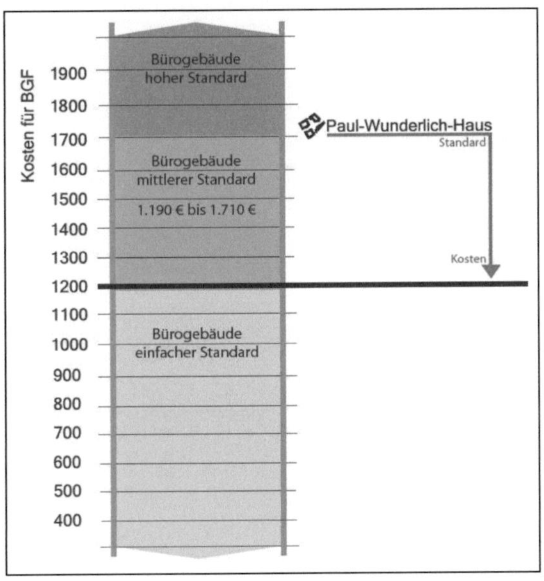

Abbildung 35: End- und Primärenergieverbrauch des Paul-Wunderlich-Hauses im Vergleich zu typischen Büroneubauten [Quelle: GAP]

Michael Abramjuk ist Architekt und Projektleiter in der GAP Gesellschaft für Architektur & Projektmanagement mbH Berlin. Er ist Planer mehrfach ausgezeichneter EnOB-Projekte.
Werdegang:
1967 geboren
1989–1997 Architekturstudium Universität Stuttgart, ETH Zürich und Bauhaus-Universität Weimar
1997–2001 Mitarbeit im Architekturbüro Feddersen von Herder Winkelbauer Architekten
2002–2009 Mitarbeit und Gesellschafter im Architekturbüro GAP mbH – Gesellschaft für Architektur und Projektmanagement
seit 2009 Geschäftsführer GAP R-E-D mbH – Gesellschaft für Architektur und Projektmanagement Rekonstruktion – Erhalt – Denkmalschutz
Kontakt: mail@gap-arch.de
Website: www.gap-arch.de

7 Relevanz der Gesamt-Energiebilanzierung

Martin Behne

Martin Behne lehrt an der Beuth Hochschule für Technik in Berlin. Dort trifft er auf angehende Architekten und Fachleute, die später im Bauwesen tätig sein werden. Martin Behne macht auf den Unterschied von relativen und absoluten Größen bei der Gesamt-Energiebilanzierung aufmerksam und fordert eine entsprechende Berücksichtigung. Einen energieeffizienten Kühlschrank zu kaufen oder ein Passivhaus zu bauen nützt dann nichts, wenn der Gesamtenergieverbrauch steigt. Eine Steigerung der Energieproduktivität ist folglich sinnvoll, wenn dadurch der Gesamtenergieverbrauch auch abnimmt.

7.1 »Eine Energieeffizienzklasse A ist nicht eine Energieeffizienzklasse A« – bedarfsgerechter Konsum

Die Energiezertifizierung von Produkten versucht Transparenz bei der Kaufentscheidung zu schaffen, kann aber auch von wesentlichen Einsparpotenzialen ablenken. Hier verblendet oftmals das Alltagsbewusstsein die Vernunft. Zum Beispiel verstellen Energieeffizienzplaketten häufig den Blick für das Ganze. Seit einiger Zeit gibt es beispielsweise das EU Energie-Label für Elektrogeräte. Es handelt sich dabei um eine Angabe über die Energieeffizienz bei der Nutzung von Elektrogeräten wie Spülmaschinen, Kühlschränken und Wäschetrocknern. Die Energieeffizienzklasse bietet hier zwar eine sinnvolle Orientierungshilfe für die Kaufentscheidung – mehr aber als der relative Energieverbrauch, sollte doch der eigentliche Endverbrauch eines Gerätes interessieren.

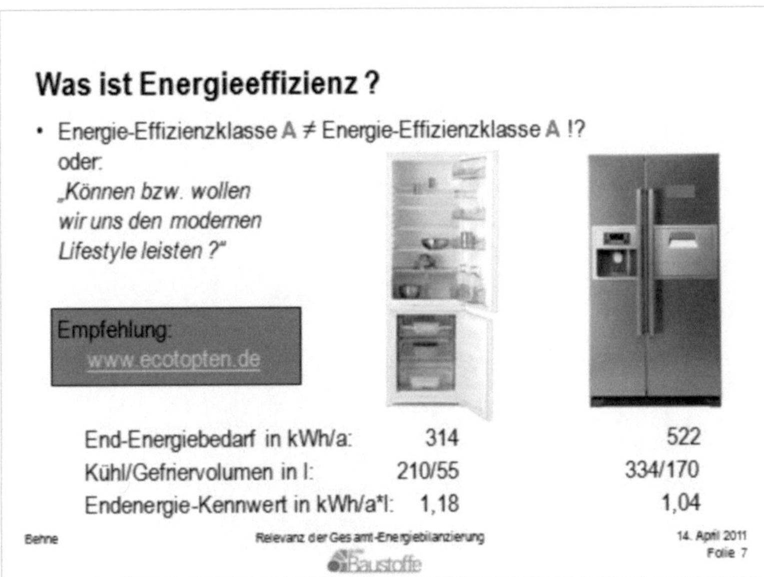

Abbildung 36: Unterschied Energieeffizienz und Energieeinsparung [Quelle: *www.ecotopten.de*]

Deutlich wird dies anhand eines Vergleichs zweier Kühlschränke, deren Kennwerte in Abbildung 36 ersichtlich sind. Die beiden Geräte unterscheiden sich dabei im Endverbrauch, dem gesamten Kühl- und Gefriervolumen als auch dem Endenergie-Kennwert. Vergleicht man den Endenergiebedarf, so schneidet der kleinere Kühlschrank mit 314 kWh pro Jahr deutlich besser ab als der wesentlich größere Kühlschrank amerikanischer Bauart mit 522 kWh pro Jahr. Geht man jedoch nach dem Effizienzkriterium, so realisiert der deutlich größere Kühlschrank, bezogen auf sein Volumen, einen besseren Wert. Also wäre das natürlich ein Argument für den effizienteren Kühlschrank, bliebe da nicht so ein ungutes Gefühl, das sich einstellt. Wozu braucht man solch einen Riesenkühlschrank? Können wir uns den modernen Lifestyle leisten? Oder wollen wir uns diesen Lifestyle leisten?

Es obliegt schließlich dem einzelnen Käufer, seine Entscheidung zu treffen. Umweltbewusste Käufer erhalten hierfür bereits zahlreiche Informationen. Das Forschungs- und Innovationsprojekt EcoTopTen (*www.ecotopten.de*) hat beispielweise in den letzten Jahren viele Verbrauchsgüter im Hinblick auf Energieeffizienz untersucht. Darunter sind vor allem auch Güter, die noch kein EU Energie-Label tragen. Unabhängig von der jeweiligen Energieeffizienz muss dem Konsumenten dennoch klar sein, dass viele Einsparpotenziale vor allen über einen bedarfsgerechten Kauf realisiert werden können.

7.2 »Ein Niedrigenergiehaus ist kein Niedrigenergiehaus«

Die Energieeffizienz ist eine Größe, die keineswegs bei der energetischen Betrachtung vernachlässigt werden darf. Allerdings ist sie eine relative Größe und verrät nur sehr wenig über den absoluten Energieverbrauch. Der Kühlschrankvergleich zeigt, welches Täuschungspotenzial sich hinter einem Energie-Label verstecken kann. Die Steigerung der Energieproduktivität hilft nicht weiter, wenn der Gesamtenergieverbrauch beständig steigt.

Ein weiterer Vergleich soll nochmals die Relevanz des absoluten Energieverbrauchs verdeutlichen. Jeder Deutsche beansprucht durchschnittlich 40 m^2 Wohnraum für sich. In Abbildung 37 ist hierzu ein Diagramm ersichtlich, welches die Entwicklung der durchschnittlichen Wohnraumfläche in Deutschland aufzeigt.

In der Zeitspanne von 1996 bis 2004 verzeichnet das Diagramm ein Wachstum der Wohnfläche pro Person um 10 %. Angenommen eine 4-köpfige Familie erwägt ein Niedrigenergiehaus mit einer Primärenergieeffizienz von 60 kWh pro Quadratmeter und Jahr zu bauen. Zur Wahl stehen zwei Varianten mit einer Gebäudefläche von 125 bzw. 200 m^2. Trotz gleicher Effizienz unterscheiden die Gebäude sich natürlich deutlich im Primärenergieverbrauch (und ebenso in den Heizkosten). Wie beim Beispiel des Kühlschranks bleibt für jeden Verbraucher die Frage: »Können/dürfen wir uns diesen Anspruch leisten?«

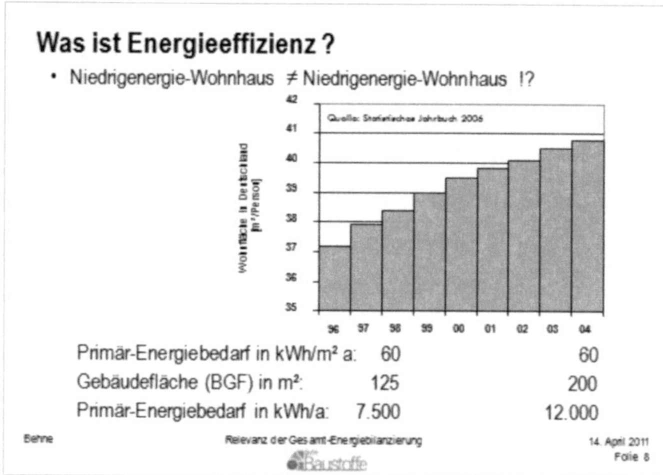

Abbildung 37: Was ist Energieeffizienz?

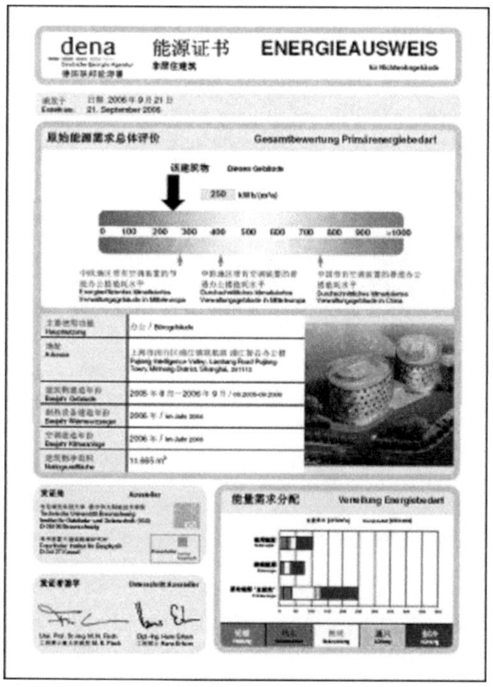

Abbildung 38: Chinesische Adaption des deutschen - Energieausweises

7.3 Gebäude sind Energieverbraucher

Gebäude benötigen Energie und verbrauchen dabei nicht erneuerbare Energieressourcen. Zum einen durch ihre aktive Nutzung, zum anderen aber auch bei deren Gewinnung und Herstellung. Letzteres verdient dabei besondere Beachtung, gerade bei der beabsichtigten »Energiewende«. Beim Einsatz von Energieträgern, die mit einem sehr geringen Primärenergieaufwand auskommen, liegt ein wesentlicher Schlüssel zum erfolgreichen Energiesparen, Die schrittweise Reduzierung des Energieverbrauchs bei der Gebäudenutzung hat die Energieeinsparverordnung EnEV zum Ziel, die es seit dem Jahr 2002 gibt und deren nächste Novellierung für 2013 ansteht. Diese nimmt den Primärenergiefaktor in die Energiebilanz eines Gebäudes auf und weist ihn schließlich in Energieausweisen aus, die vereinzelt sogar schon in China zu finden sind.
In der Retrospektive kann man bisher eine positive Bilanz ziehen, denn der Baustandard hat sich seit den 1970er Jahren erheblich verbessert. Das Thema der grauen Energie ist bisher allerdings noch nicht berücksichtigt worden.

7.4 Energiebilanzierung von Produkten

Abbildung 39: Die schwedische Burger-Kette Max gibt das jeweilige Treibhauspotenzial seiner Produkte an.

Der Primärenergie-Gesamtbedarf ist eine wichtige Kenngröße in der Energiebilanzierung von Gebäuden und nicht nur dort. Es lässt sich seit einiger Zeit beobachten, dass es in verschiedenen Lebensbereichen gute Ansätze gibt, die Auswirkung eines Produktes auf die Umwelt anzugeben. Die schwedische Fast-Food-Kette »Max« benutzt zum Beispiel die mit der Herstellung der angebotenen Lebensmittel verbundene CO_2-Emission erfolgreich für den Verkauf ihrer Produkte. Ein Burger-Menü verursacht so je nach Ausführung zwischen 0,2 bis 1,8 kg CO_2 bei der Herstellung. Ein Kunde hat neben den Nährwertangaben somit eine zusätzliche Hilfestellung für die ökologische Orientierung. Der Kunde zahlt einen etwas höheren Preis, und unabhängig von der Wahl, versucht die Burger-Kette damit durch Aufforstungsmaßnahmen den CO_2-Verbrauch komplett zu kompensieren. Das kann man belächeln, sollte aber nicht unterschätzen, dass dadurch überhaupt erst ein entsprechendes Bewusstsein geschaffen wird. In der Textilbranche findet man ebenfalls vereinzelt Bestrebungen, Nachhaltigkeit und soziales Engagement für den Käufer sichtbar zu machen. In Abbildung 40 ist die Deklaration eines Bekleidungsherstellers zu sehen. Aus ihr gehen dabei nicht nur ausschließlich Umweltfaktoren hervor, wie der Energiebedarf bei der Produktion von z.B. einem Paar Schuhe, sondern auch soziale Faktoren wie die Bekämpfung von Kinderarbeit. Das sind Aspekte, die nicht direkt etwas mit Energieeffizienz zu tun haben, aber mit gesellschaftlicher Verantwortung. Es geht nie nur um Energie, nie nur um Architektur oder um Kosten – Gebäude bauen und nutzen ist auch eine gesellschaftliche Aufgabe.

7.5 Wie viel graue Energie ist viel?

Die Beispiele zeigen die zunehmende Relevanz der Gesamtbetrachtung – insbesondere bei der Energiebilanzierung. Bei Indikatoren wie dem Treibhauspotenzial herrscht weitgehend Konsens über die kritische Menge und deren Berechnung. Anders aber bei der grauen Energie. Üblicherweise wird diese zum Beispiel in kWh/m^3 oder pro kg oder MJ/kg oder MJ/m^2 angegeben. Für einen konkreten Vergleich von Materialien und Produkten muss man sich schließlich auf eine Bezugseinheit einigen. Das impliziert auch, dass Angaben aus Datenbanken entsprechend umgerechnet werden müssen.

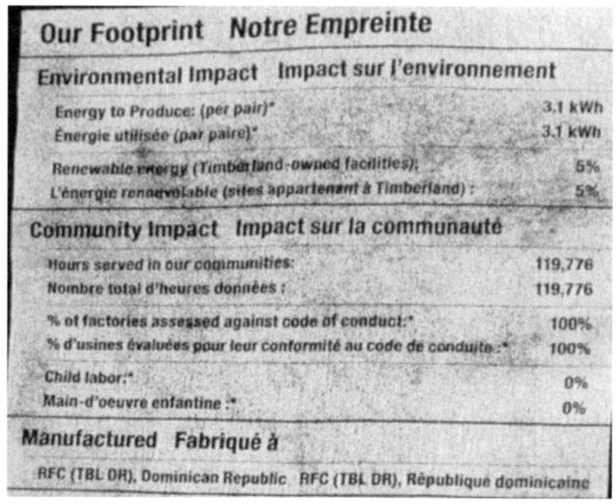

Abbildung 40: »Nachhaltigkeitsdeklaration« eines T-Shirt-Herstellers [Quelle: Timberland]

Die Bezugseinheit ist dabei aber noch das kleinere Problem für die Bewertung der Gesamtmenge an grauer Energie, kann man doch durch einfache Rechenschritte die Werte ermitteln. Um einiges komplexer stellt sich jedoch die Festlegung der Systemgrenzen dar. Handelt es sich z.B. um die graue Energie eines Fensters oder eines Solarkollektors, sind natürlich auch die energetischen Gewinne zu berücksichtigen, sonst verfälscht man das Bild! Die Gewinne sind mit den anderen Energieaufwänden zu verrechnen.

Material	Graue Energie
Gipskartonplatte (12,5 mm)	16 kWh/m^2
Stahlbetondecke (25 cm)	140 kWh/m^2
Aluminiumverkleidung (1 mm)	300 kWh/m^2
Fenster (WSV 2-fach, Alu-Rahmen) – nutzbarer solarer Gewinn:	780 kWh/m^2 60–75 $kWh/m^2 a$
Solarkollektor (flach) – solarer Ertrag:	1700 kWh/m^2 300–600 $kWh/m^2 a$

Tabelle 3: Grauer Energiegehalt verschiedener Materialien [Quelle: Herstellerangaben; Berechnungen: Behne]

Für die Beurteilung der Frage, wie viel graue Energie »viel«, also bedeutsam ist, ist dieser Schritt wichtig. Beispielweise erfordert die Herstellung eines Solarpaneels viel graue Energie. Der energetische Gewinn durch den Einsatz des Solarpaneels für die Stromerzeugung kann diesen Betrag aber wieder relativieren. Eine ähnliche Verrechnung muss beispielweise bei der Bewertung von Wärmedämmstoffen durchgeführt werden, indem der Wärmedämmwert (U-Wert) ins Verhältnis zum Materialaufwand gesetzt wird. Denn je nach verwendetem Wärmedämmstoff ist unterschiedlich viel Material nötig, um eine angemessene Dämmung zu erreichen.

Material	Wärmedurchgangs-koeffizient $[W/m^2K]$	Graue Energie $[kWh/m^2]$
Strohballen (50 cm)	0,16	4
Blähtonstein (36,5 cm)	0,21	170
EPS-Wärmedämmschicht (25 cm)	0,15	250
VIP-Wärmedämmschicht (4 cm)	0,10	340
Fenster (WSV 2-fach, Alu-Rahmen)	1,25	780

Tabelle 4: Vergleich Wärmedämmung und graue Energie [Quellen: Diverse]

Beim Vergleich von verschiedenen Dämmstoffen fällt auf, dass bei doppelter Materialstärke ein Strohballen den gleichen Wärmedämmgrad wie eine EPS-Wärmedämmschicht erzielen kann. Die graue Energie eines Strohballens beträgt dabei aber gerade einmal 1,6 % der EPS-Wärmedämmschicht. Die Einbeziehung der grauen Energie in die Energiebilanzierung eines Gebäudes kann also durchaus sinnvoll sein. Das betrifft insbesondere heutige sehr effiziente Gebäude und die in Zukunft als Standard zu erwartenden Passiv- und Nullenergiehäuser. Die Gesamtenergieeffizienz eines Gebäudes muss daher die graue Energie mitberücksichtigen und sollte eine bestimmte Gebäude-»Lebenszeit« bei der Bilanzierung zugrunde legen.

Als mögliche Bewertung des grauen Energieinhaltes von Wärmedämmstoffen kann dieser mit dem durchschnittlichen Jahres-Transmissionswärmeverlust bei üblichen Innen- und Außentemperaturen ins Verhältnis gesetzt werden. Das Ergebnis ist eine Jahreszahl, die angibt, nach welcher Zeit die Wärmeenergieverluste genauso hoch sind wie die eingesetzte graue Energie. Ein Strohballen, der durch einen niedrigen Wärmedurchgangskoeffizienten und geringe graue Energie überzeugt, erreicht bereits nach einem halben Jahr dieses Gleichgewicht, danach spielt »nur noch« der Energieverlust eine Rolle. Die gleiche Rechnung sieht für eine VIP-Wärmedämmschicht deutlich anders aus – hier bedarf es ca. 52 Jahre bis das Gleichgewicht zwischen einmalig eingesetzter grauer Energie und Energieverlust im laufenden Gebäudebetrieb erreicht wird. Nach z.B. 30 Jahren könnte das Gebäude ggf. gar nicht mehr existieren, was bedeuten würde, dass die graue Energie für die Effizienz dieses Gebäudes entscheidend war – nicht die Primärenergieeffizienz, wie sie heute als Bewertungsmaßstab verwendet wird!

Material	Gleichgewicht Graue Energie – Energieverlust in Jahren
Strohballen (50 cm)	0,5
Blähtonstein (36,5 cm)	12
EPS – Wärmedämmschicht (25 cm)	25
VIP – Wärmedämmschicht (4 cm)	52
Fenster (WSV 2-fach, Alu-Rahmen) – ohne Berücksichtigung solarer Gewinne – mit solaren Gewinnen	 9 45

Tabelle 5: Vergleich graue Energie und Transmissionswärmeverlust [Quelle: Behne]

Unterschiede in der Bilanz ergeben sich neben der grauen Energie und dem Materialaufwand auch durch den unterschiedlichen Aufwand bei Instandhaltung, Abriss, Wiederverwertung und Abtransport. Informationen hierzu gibt es zum Beispiel in der Datenbank der Schweizer Koordinationskonferenz der Bau- und Liegenschaftsorgane der öffentlichen Bauherren (KBOB). Dort werden insbesondere auch Ökobilanzdaten zu Abbrucharbeiten, Infrastruktur, Entsorgung und Recycling aufgeführt.

Das ist zwar schon im Sinne einer ganzheitlichen Ökobilanzierung, ist aber noch ausbaufähig. Was noch fehlt ist der Energieaufwand für den Transport zur Baustelle und die Verarbeitung auf der Baustelle. In der Gesamtbilanzierung von Bauwerken ist somit eine Vielzahl von Parametern zu beachten. Um eine verzerrungsfreies Bild zu erhalten, ist es außerdem erforderlich, relative Größen wie die Energieeffizienz oder aber den Wärmedämmstandard in absolute Bezüge zu setzen.

Viele Vorteile energieeffizienter Materialien und Technologien können so beispielweise durch einen viel größeren Materialaufwand wieder schrumpfen. In diesen Fällen muss ein energetisches Optimum gefunden werden.

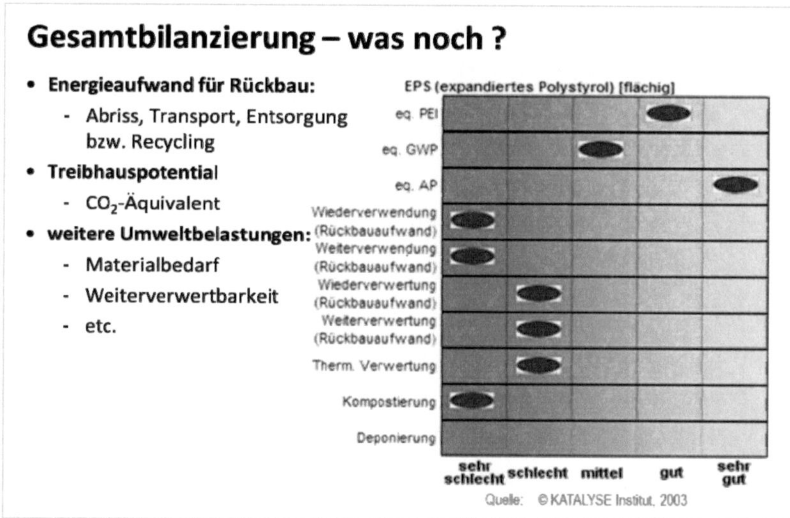

Abbildung 41: Komponenten der Gesamtbilanzierung von Bauwerken [Quelle: KATALYSE Institut, 2003]

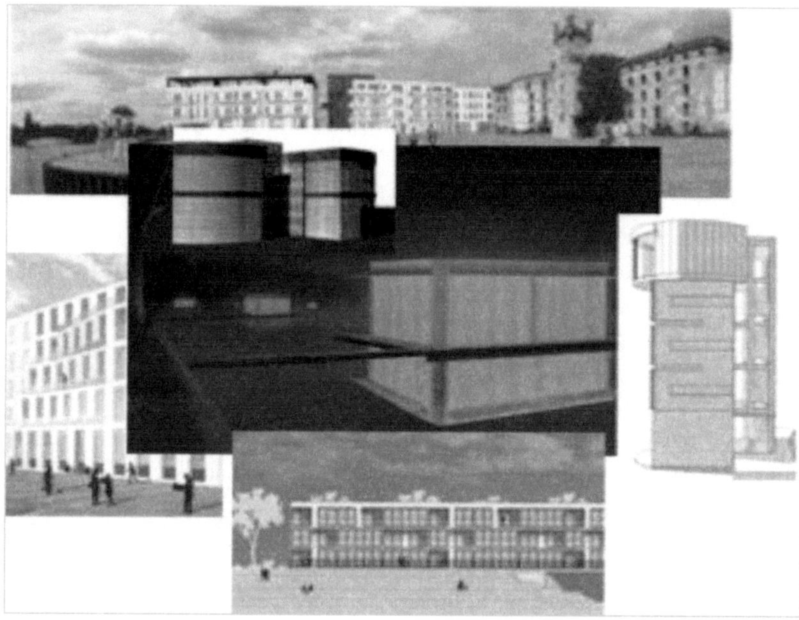

Abbildung 42: Studentenprojekte »Klimagerechtes und Nachhaltiges Bauen«

7.6 Relevanz der grauen Energie

Im Rahmen eines Lehrmoduls im Master-Studiengang Architektur wurde dem Zusammenhang von dem Primärenergiebedarf eines Gebäudes und der für die Herstellung aufgewendeten grauen Energie nachgegangen. Im Mittelpunkt stand dabei die Frage, wie lange man ein Gebäude betreiben müsste, damit der Primärenergiebedarf der grauen Energie erreicht wird. Von den Studierenden entworfene Gebäude wurden entsprechend bilanziert und Abbildung 43 stellt erste Ergebnisse dar. Demnach reicht in den untersuchten Beispielen dieser Zeitraum von zwei bis hin zu 66 Jahren. Dies verdeutlicht die große Bandbreite, die hier gegeben und möglich ist und zeigt, dass für eine umfassende Bewertung der Gebäudeeffizienz eine ganzheitliche Betrachtung erforderlich ist. Eine solche Vorgehensweise setzt neben dem entsprechenden Sachverstand aller Beteiligten ein interdisziplinäres Zusammenarbeiten bei der Planung, dem Entwurf und dem Betreiben von Gebäuden noch stärker voraus, als es heute schon praktiziert wird.

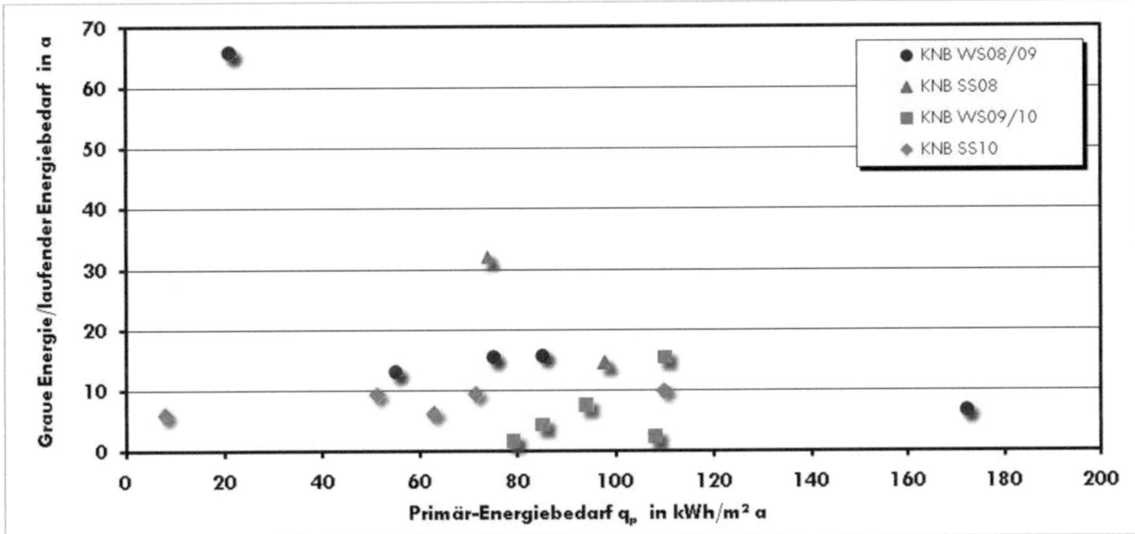

Abbildung 43: Rechnerisches Verhältnis der grauen Energie zum jährlichen Primärenergiebedarf. [Quelle: Behne]

Martin Behne ist »Energietechniker« und Professor für Gebäudetechnik und energieeffizientes Bauen im Fachbereich Architektur an der Beuth Hochschule für Technik, ehemals Technische Fachhochschule Berlin. Er hat an der TU Berlin Energie- und Verfahrenstechnik studiert, mit Schwerpunkt Wärme-Klima-Kältetechnik, und nach einem Aufenthalt als Visiting Scientist in Berkeley, USA, bei Klimasystemtechnik GmbH und ÖKOTEC Energiemanagement GmbH gearbeitet, bevor er die Professur an der Beuth Hochschule für Technik in Berlin annahm.

8 Einsatz von Baustoffen mit geringer grauer Energie – ein siebengeschossiges Holzhaus

Malte Reimer

Im Jahr 2008 wurde in Berlin ein neues städtebauliches Exempel statuiert. Das siebengeschossige Holzhaus E3 des Architektenduos Kaden+Klingbeil hat europaweit Modellcharakter. Die schnelle Bauzeit und der ökologische Charakter des E3 sind bis dato noch exotisch im Städtebau. Dabei ist Holz ein flexibler und bewährter Baustoff, der zudem enorme energetische Einsparpotenziale bietet. Der E3-Siebengeschosser zeigt die noch ungeahnten Möglichkeiten.

Das Büro Kaden+Klingbeil Architekten ist mit dem siebengeschossigen Holzhaus E3 ein Meilenstein gelungen. Europaweit besitzt die Konstruktion Modellcharakter und bietet völlig neue Perspektiven für den Städtebau, in dem Holzhäuser eher noch historischen Charakter besitzen, als für moderne Wohnkultur einstehen. Dabei findet die Holzbauweise durchaus Anklang beim modernen Stadtmenschen. Die Klientel des Architekturbüros lässt sich relativ konkret auf eine einkommensstarke Mittelschicht mit ein bis zwei Kindern eingrenzen. Eingekauft wird im Bioladen und man ist sich sehr bewusst, mit welchen Baustoffen man sich umgeben will. Diese Klientel speziell, die traditionell an den Stadtrand gezogen ist, hat das Architekturbüro Anfang 2000 aufgefordert, endlich anzufangen mit Holz in der Stadt zu bauen. Denn sie wollten in der Stadt bleiben bzw. gar nicht erst raus ziehen oder sogar vom Land in die Stadt zurückkommen. Die anschließende Gründung einer Baugruppe war schließlich der Ausgangspunkt für den Bau des E3-Gebäudes, dessen Name für die Abkürzung der Esmarchstraße 3 steht, in der der Siebengeschosser heute im Prenzlauer Berg in Berlin zu finden ist.

Abbildung 44: Fassadenfront des E3-Gebäudes

Auch wenn das Projekt »Holzhaus« von Beginn an eine breite Unterstützung fand, musste die Baugruppe E3 doch mit einigen Widerständen kämpfen. Die gehobenen Brandschutzanforderungen stellten dabei noch das kleinere Problem dar. Weitaus schwieriger war es, gegen die vorherrschenden städtebaulichen Paradigmen anzutreten. Ein Holzhaus in dieser Form wurde bis dato noch in keiner deutschen Stadt realisiert. Und auch sonst orientiert sich der Städtebau überwiegend an der Vergangenheit. Häufig geht es im Städtebau um Rekonstruktion und den Formenkanon der Vorkriegsepoche. Das E3-Gebäude überzeugt dagegen durch sein modernes Design und fügt sich trotz seiner Individualität bestens in den Straßenzug ein. Das Projekt ist damit ein Beispiel unter vielen anderen, wie sich innovative und zeitgemäße Konzepte im Städtebau integrieren können.

Abbildung 45: Bauphase des siebengeschossigen Holzhauses E3

8.1 »Dabei geht es immer um Bauen mit Holz«

Der Kritiker mag nun einwenden, dass sich das E3-Gebäude in seinem Design zwar gegen den Mainstream im Stadtbau stellt, in seiner Konstruktion, durch die Verwendung von Holz, dafür umso traditioneller ist. Sollte dies als Abwertung gemeint sein, muss man dagegen antreten. Zwar geht es bei den Projekten des Büros immer um Bauen mit Holz, gleichzeitig gilt es aber auch, verzerrte Holzmythologien zu entkräften. Kein Ding ist rein funktional und Holz ist nicht per se gut. Erst durch eine kritische Distanz, den gekonnten Umgang mit dem Rohstoff an sich, erfährt Holz als Baumaterial seine Geltung.

Abbildung 46: Detaillösungen im Holzmassivbau

Wer über das passende Know-how verfügt, kann die Qualitäten von Holz für seine Zwecke nutzen. Das Material überzeugt dabei als nachwachsender Naturstoff nicht nur durch sein geringes Treibhauspotenzial, sondern auch durch seine technischen, ökonomischen und gestalterischen Möglichkeiten. Aber auch in Bezug auf die graue Energie glänzt Holz durch einen sehr geringen Primärenergieeinsatz: »*Im Vergleich zu einem Stahlbetonmassivbau, werden für den Holzrohbau von der E3 etwa nur 40 % des Primärenergieeinsatzes benötigt. Die Verwendung von Holz beim Rohbau und der Tragekonstruktion bietet hohe Energieeinsparpotenziale gegenüber der gängigen massiven Stahlbetonbauweise. Hinzu kommt der weitere Vorteil, dass Holz an sich schon ein Dämmstoff ist. Holz vereint Tragsystem und Dämmstoff in einer Ebene, dies ermöglicht einen effektiven Gewinn von 3–4 % Wohnfläche.*« (Reimer).

Städtischer Wohnungsbau ist teuer. Es geht dabei nicht nur um eine optimale Raumnutzung, sondern auch um Zeitersparnis beim Bau, bei gleichzeitig hoher Qualität der Umsetzung. Auch hier hat Holz Vorteile, kann es doch industriell unter kontrollierten Bedingungen in einer Werkhalle vorgefertigt werden. Aufwendiger stellt sich die Witterungssicherung auf dem Bau dar. Um die Qualität der Bauteile und der Konstruktion zu sichern, muss mit Notdächern gearbeitet und Regenwasser über Installationsschächte abgeleitet werden. Aber auch hier gilt: Gute Vorbereitung ist alles.

Abbildung 47: Platzsparender Aufbau in der Stadt durch die Verwendung industriell vorgefertigter Produkte

Dies gilt umso mehr, wenn man bei der Realisierung des Projektes auf eine »just in time«-Produktion setzt. In der Stadt, wo wenig Stauraum auf der Baustelle ist, ist so keine große Lagerhaltung notwendig, sondern es wird von einer industriellen Taktung des Baus ausgegangen. Dies macht es möglich, nur acht Wochen für sieben Geschosse zu benötigen. Ein Geschoss pro Woche zu bauen ist im Stahlbetonbau selbst mit vorgefertigten Fertigteilen in der Regel nicht möglich. Einschränkend ist hier aber auch anzumerken, dass es sich bei dem E3-Gebäude eher um eine Hybridbauweise handelt. Neben dem 80 % Holzanteil, konnte aus Gründen des Schall- und Brandschutzes nicht gänzlich auf Stahlbeton verzichtet werden.

8.2 Flexibles Nutzungskonzept

Abbildung 48: Bauareal für das Projekt E3

Das Areal auf dem sich das E3-Gebäude befindet war vorher lange Zeit eine Baulücke. Ein sowjetischer Bomber ist dort hinein geflogen, d.h. hier sind die Hinterhäuser und Seitenflügel verloren gegangen. Der ungewöhnlich große Hof bot ganz konkret Anlass für eine spezielle städtebauliche Idee. Hierbei handelt es sich um eine sogenannte dritte Fassade. Stadthäuser stehen für gewöhnlich immer Hauswand an Hauswand. Bei dem E3-Gebäude wurde jedoch das Treppenhaus ausgelagert und seitlich so angebracht, dass es einen Lichteinfall von einer sonst verschlossenen Seite erlaubt. Das ermöglicht insbesondere auch eine freiere Organisation der Grundrisse. In dem Objekt gibt es keinen Grundriss, der dem anderen gleicht. Bis auf zwei tragende Medienschächte, die Tragfunktion und Medien gleichzeitig mit einem Mittelunterzug aus Stahlbeton beinhalten, gibt es keinerlei tragende Wände oder Stützen in dem Grundriss, d.h. bei einem Generationenwechsel werden einfach Räume weggenommen oder dazu geschaltet. Die Grundrisse lassen sich sehr frei organisieren. Dieses flexible Nutzungskonzept erfährt als Kriterium für nachhaltiges Bauen immer mehr Geltung.

8.3 Bauvorschriften und Brandschutz

Abbildung 49: Holzhaus in der Bauphase

Mit dem Bau des E3-Gebäudes bewies die Baugruppe Pioniergeist. Bereits im Rahmen eines nicht realisierten Pilotprojektes wurden die Rahmenbedingungen erforscht und zwei Ausnahmegenehmigungen wurden erreicht, die tragende Bauteile und brennbare Baustoffe betreffen. Diese Ausnahmegenehmigungen waren beim Bau des E3-Gebäudes nötig, weil in Deutschland nur fünfgeschossig in Holz gebaut werden darf. Der E3-Siebengeschosser ist in Deutschland also mit zwei Geschossen außerhalb des Baurechts. Dem Vorhaben wurde dennoch stattgegeben, weil man sich auf entsprechende Modifikationen einigte. Decken und tragende Wände wurden in Holz gebaut und entsprechen der Kapselklasse K60. Durch eine zweifache Beplankung mit Gipsfaserplatten sind diese Bauteile somit ca. 60 Minuten vor einem möglichen Brand geschützt. Das ist Standard bei fünfgeschossigen Holzhäusern und fand auch beim E3-Gebäude Anwendung. Zusätzlich wurden aber auch Kompensationsmaßnahmen ergriffen. So findet sich in jedem Raum eine Rauchüberwachung mit Aufschaltung zu einem Notdienst, darüber hinaus gibt es eine trockene Steigleitung am Treppenhaus. Das frei stehende Treppenhaus ist zudem von jeder Wohneinheit zugänglich und ermöglicht so einen kurzen Fluchtweg.

8.4 Publikumsmagnet Baustelle

Abbildung 50: Stahlauskreuzungen zur Aussteifung

Die Konstruktion des E3-Gebäudes hat im Prinzip nur drei Knotenpunkte. Es gibt einen Eckknotenpunkt, ein Detail am Mittelunterzug und eines im Feld. Bei der Fassade kamen Massivholzwände zum Einsatz und kein verleimtes Brettsperrholz. Das wirkt sich entsprechend günstig auf die Baubiologie des Gebäudes aus. Die Massivholzwand ist dabei nur gedübelt. Die Aussteiffunktion übernehmen Stahlauskreuzungen in den später geschlossenen Feldern, wie sie in Abbildung 50 zu sehen sind.

Wie bereits angesprochen, verfolgte man beim Bau dabei eine ehrgeizige und strukturierte Planung. In den ersten beiden Tagen erfolgten die Pfosten-Riegel-Konstruktion, die Holzdeckenelemente sowie die Schalung der Stahlbeton-Medienschächte. An den beiden darauffolgenden Tagen kam die Bewehrung hinzu, innerhalb derer es noch ein dreistündiges Zeitfenster für die Elektrotechnik gab. Am fünften Tag, einem Freitag, erfolgte dann noch die Betonage, die übers Wochenende genug ausgehärtet war, um am Montag mit dem Folgegeschoss fortzusetzen. In einem Punkt wurde allerdings vom Plan abgewichen. Ursprünglich war vorgesehen, die

Konstruktion stockwerksweise gleich mit zu verkleiden. Die Baustelle entwickelte sich aber zu einem Publikumsmagneten, sodass die Konstruktion so lange wie möglich offen gelassen wurde. In diesem Kontext war oft die Bemerkung zu hören: »Das ist ja ein Holzhaus, aber man sieht gar kein Holz.« Hierzu ist allerdings festzuhalten, dass man das Holz nicht zeigen muss, sondern es kommt darauf an, diesen Baustoff emotionsfrei und intelligent zu nutzen: seine industrielle Vorfertigung, seine enorm guten bauphysikalischen Eigenschaften und die finanziellen Vorteile. Holz sollte in seinen Qualitäten also nicht ausschließlich auf die Umweltkomponente reduziert werden, sondern überzeugt auch durch seine technischen und wirtschaftlichen Vorteile.

Holz bietet sich vor allem auch für Hybridlösungen an. Beim E3-Gebäude kam beispielweise eine Holz-Beton-Verbunddecke (HBV) zum Einsatz. Diese zeichnet sich durch eine hohe Tragfähigkeit und eine wesentlich geringere Schwinganfälligkeit gegenüber einem einfachen Holztragwerk aus. Das Deckensystem ist derzeit noch wesentlich teurer, sodass viele Bauherren sich noch für eine Stahlbetonfiligrandecke entscheiden. Vielleicht spielen aber auch Brandschutzerwägungen eine Rolle. Dabei hätten die HBV-Decken beim E3-Haus nicht einmal einen Brandschutzanstrich gebraucht. Der zuständige Brandschutzingenieur entschied sich dennoch für einen B1 Anstrich, der als Dämmschichtbildner im Brandfall die Brandzeit etwas verlängert. Nüchtern betrachtet entspricht der technische Fortschritt nicht dem Stand der Genehmigungsfähigkeit, sondern die Behörde bzw. die Genehmigungsfähigkeit hinkt immer hinterher. Der Holzbau hat sich technologisch weiterentwickelt, sodass viele Bedenken sich schließlich als veraltet erweisen. Von daher ist es nur noch eine Frage der Zeit, bis sich das HBV-System gänzlich durchsetzt. Schließlich kommen schon heute Interessenten auf das Architektenbüro zu und investieren die hierfür nötigen Mehrkosten.

Abbildung 51: Innenausbau beim Holzhaus

8.5 Wohnatmosphäre durch Materialzusammenspiel und Lichtkonzept

Im Ergebnis beweist das E3 eine interessante Symbiose aus Holz und Beton. Das gilt nicht nur aus energetischer Sicht, sondern auch für die ästhetischen Aspekte. Das rohe Treppenhaus wurde am Ende noch mit einer feinen Putzstruktur versehen und mit einem unaufdringlichen Lichtkonzept aufgewertet. Neben einer städtebaulichen besteht hier auch eine soziale Idee, dass man nicht in einem anonymen Treppenhaus aufsteigt, sondern dass es ein räumliches Erlebnis ist und die Bewohner in Kontakt sind. Man tritt aus der Haustür wie aus einem Einfamilienhaus und trifft seine direkten Nachbarn. Es ist ein halböffentlicher Raum.
Aber auch die Innenräume zeigen ein gelungenes Zusammenspiel. Die Bauherren haben sich dazu entschieden, die Stahlbetonkerne nicht zu verputzen. In den Wohnraumoberflächen fließen so Sichtbeton und Holzbetonverbunddecken zusammen.

8.6 Pionierarbeit im urbanen Holzbau

Das Architektur-Büro Kaden+Klingbeil beweist mit seinen hölzernen Konstruktionen Pioniergeist in den noch überwiegend steinernen Städten. Zu seinen weiteren Projekten zählen so verschiedene Gebäude wie Doppelhäuser, Mehrgeschosser, Wohn- und Gewerbegebäude. Ausgestattet mit angepassten Brandschutzstrategien stehen die Holzkonstruktionen den massiven Betonbauten in nichts nach. Im Gegenteil: Holz bietet Wohnkomfort und den ökologischen Vorteil, dass es CO_2 bindet. Durch die Verwendung von Holz statt Beton bei der Tragkonstruktion, wird ein Großteil der grauen Energie eingespart. Zudem ist Holz gleichzeitig auch Dämmstoff. Bei der Konstruktion werden so wesentlich geringere Wandstärken realisiert, bei einem vergleichbaren Dämmungsgrad wie bei Massivbauweise. Ausnahmeregelungen, wie beim Bau des siebengeschossigen E3 Gebäude zeigen zudem, dass der Stadtbau sich mittlerweile bei entsprechenden Brandschutzkonzepten für Holzkonstruktionen öffnet. In der Kooperation mit der Stadt liegt die Lösung, die das Architektenbüro auf noch weitere Erfolge hoffen lässt: »Wir wollen gerade die Hochhausgrenze knacken. Sie liegt bei 8 Geschossen, wir versuchen mit 9 Geschossen zu arbeiten. Da arbeiten wir in Flensburg mit der Stadt und wir sehen mal, wie weit wir kommen.«

Abbildung 52: Siebengeschossiges Holzhaus nach der Fertigstellung, vor dem Einzug

9 Dauerhaftigkeit von Baustoffen und Bauteilen

Alexander Rudolphi

Umweltfreundliche Häuser haben Konjunktur. Sie sparen Energie, Ressourcen und nicht zuletzt Geld. Das ist gut so, aber bei Weitem noch nicht alles. Denn fragt man den Holzfach- und Bilanzierungsexperten Alexander Rudolphi, dann mangelt es bisher noch an der ganzheitlichen Zertifizierung von Gebäuden, in denen der Lebenszyklus und die Umweltbilanz gemeinsam betrachtet werden. Vor allem bei Holz gibt es hier noch erhebliches Optimierungspotenzial.

Mit zunehmendem Eifer verfolgen Architekten und Ingenieure in den letzten Jahren die Konstruktion, Planung und Realisierung von ökologischen Bauten. Dies ist zu begrüßen. Es gilt aber, dort nicht stehen zu bleiben. Dazu wurde in den letzten Jahren der wichtige Schritt vom »Green Building« zur »Sustainability in Building Construction« vollzogen. Nachhaltigkeit darf nicht auf Fragen der technischen Umsetzung von energieeffizienten und ökologischen Maßnahmen reduziert werden, sondern sollte als eine Betrachtungsphilosophie verstanden werden, die eine Vielzahl von Parametern in den Blick nehmen muss. Im Prinzip alles das, was den Nutzer dazu bewegt, das Haus letztlich zu behalten und dauerhaft zu nutzen.

Um diesem Auftrag gerecht zu werden, gibt es seit einigen Jahren Zertifizierungssysteme am Markt. Neben dem internationalen »Leadership in Energy and Environmental Design«-Klassifizierungssystem (LEED, USA) und der »BRE Environmental Assessment Method« (BREEAM, Großbritannien) etablieren sich seit zwei Jahren nun auch in Deutschland Zertifizierungssysteme, die eine ganzheitliche Betrachtung anstreben. Dazu gehört vor allem das Zertifikat der DGNB (Deutsche Gesellschaft für Nachhaltiges Bauen e. V.). Dieses geht über die Umwelt- und Ressourcenkomponente hinaus und bezieht auch den Lebenszyklus und die Bilanzbewertung eines Gebäudes in die Zertifizierung ein.

9.1 Lebenszyklus heißt von der Wiege bis zu Bahre

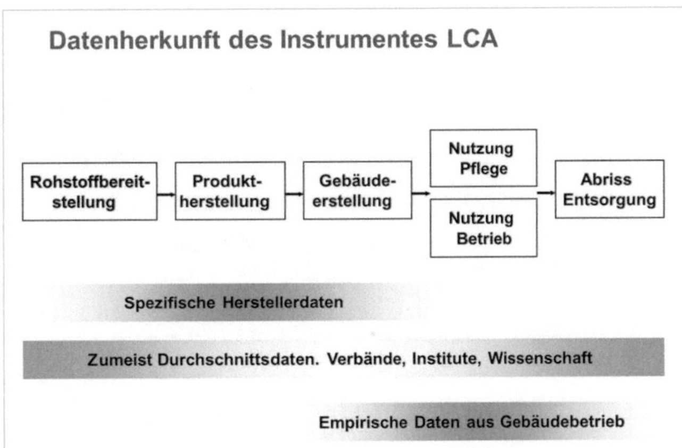

Abbildung 53: Datenbereitstellung für die Lebenszyklusbetrachtung [Quelle: ARCADIS, GFÖB]

In der Wirklichkeit ist die Wiege von Produkten im Bausektor, also die Rohstoffgewinnung, oft ziemlich dreckig bzw. umweltbelastend – und die Bahre, also die Entsorgung, ist häufig auch mit hohen Umweltbelastungen verbunden. Deshalb sind vom ersten bis zum letzten Schritt Optimierungsstrategien zu entwickeln und die Situation ist insgesamt zu verbessern. Die lebenszyklusorientierte, also alle Prozesse umfassende Betrachtung der Produkte, bietet dabei den Vorteil, dass auch der Lebensanfang und das Lebensende eines Gebäudes mit in die Bewertung integriert wird. Der mögliche Abriss und die Entsorgung eines Gebäudes rücken somit stärker in die Problemwahrnehmung. Lebenszyklusumfassende Bewertungssysteme, bei denen die wesentlichen Umweltwirkungen bilanziert werden, bilden die modernen Systeme der zweiten Generation. In einem Bilanzsystem interessiert es weniger, wie der Planer das Ergebnis praktisch umgesetzt hat. Für das Ergebnis entscheidend ist allein die abschließende lebenszyklusumfassende Bilanzierung. Damit sind diese Systeme ausgesprochen innovationsfördernd.

Werden mehr Umweltindikatoren in einem Bewertungssystem berücksichtigt, steigt in jedem Fall der Informationsgehalt einer Zertifizierung. In der Folge vergrößert sich aber auch der Datenaufwand. Dies gilt insbesondere bei Ökobilanzen. Bei jedem Baustoff stellt sich z.B. die Frage, wie stark er zur Klimaerwärmung (global warming potential – GWP) oder zur Versauerung der Gewässer und Böden (acification potential AP) beiträgt. Die Problematik hierbei ist, dass diese Daten erst einmal verfügbar sein müssen (siehe Abbildung 53).

Die Ökobilanz ist dabei nach wie vor ein wichtiger Indikator für die Nachhaltigkeit eines Gebäudes. Bei der Zertifizierung nach DGNB werden diese für das gesamte Gebäude abgefragt. Als einheitliche Normierungsgrundlage für die Ökobilanz dienen hierfür die internationalen Standards nach DIN EN ISO 14040 und DIN EN ISO 14044. Diese ermöglichen eine einheitliche Datengrundlage und sichern die Vergleichbarkeit der Ergebnisse, wodurch diese erst ihren Informationsgehalt erhalten.

OSB-Platten EUROSTRAND®				
Auswertgröße	**Einheit pro m³**	**∑ (Produktion + End of Life)**	**Produktion**	**End of Life**
Primärenergie, nicht erneuerbar	[MJ]	−7.651	4.109	−11.760
Primärenergie, erneuerbar	[MJ]	12.564	12.701	−137,6
Treibhauspotenzial (GWP 100 Jahre)	[kg CO_2-Äqv.]	−537,9	−864,1	326,2
Ozonabbaupotenzial (ODP)	[kg R11-Äqv.]	−7,59E-06	2,13E-05	−2,89E-05
Versauerungspotenzial (AP)	[kg SO_2-Äqv.]	1,10E+00	9,82E-01	1,23E-01
Eutrophierungspotenzial (EP)	[kg Phosphat-Äqv.]	1,80E-01	1,62E-01	1,83E-02
Photochemisches Oxidanten-bildungspotenzial (POCP)	[kg Ethen-Äqv.]	9,59E-02	1,32E-01	−3,62E-02

Tabelle 6: Primärenergiedatensatz für OSB-Platten [Quelle: EPD-EHW-2008112-D]

Die verwendeten Indikatoren sind umfangreich, das reicht von Photosmog als Ethen-Äquivalent bis hin zum Versauerungspotenzial als Schwefeldioxid-Äquivalent. In ihrer Reichweite sind die Indikatoren bisher aber noch sehr begrenzt. Denn eine Ökobilanz kann heute zwar die eine oder andere Schadstoff- und Klimagasbelastung erheben, aber zum Beispiel noch keine Biodiversität abbilden – trotz ihrer hohen Relevanz. Mit den Ergebnissen einer Ökobilanz können Materialien und Produkte mit ihrer jeweiligen Umweltbelastung in Relation zueinander gesetzt werden. Das CO_2-Äquivalent oder Treibhauspotenzial gibt beispielsweise an, wie viel eine festgelegte Menge eines Produktes, wie Holz oder Zement, zum Treibhauseffekt beiträgt. Für Methan ist dieser Effekt nach 20 Jahren etwa 62-mal höher als für eine gleiche Menge CO_2. Die gleiche Rechnung lässt sich aber auch aggregiert für ganze Bauteile oder Bausysteme ermitteln.

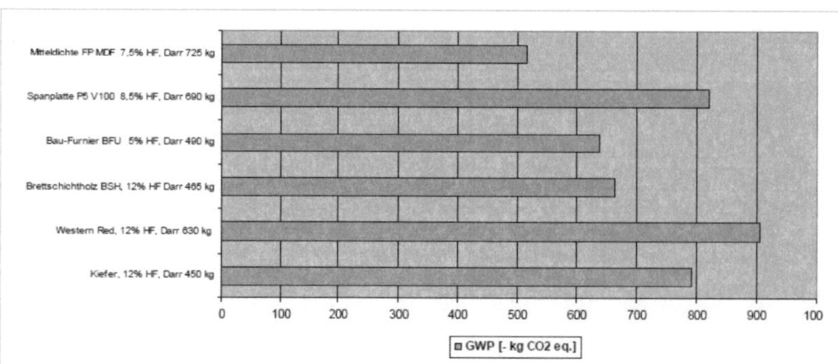

Abbildung 54: Treibhauspotenzialdaten für Holz und Holzwerkstoffe [Quelle: ARCADIS, GFÖB]

Die für die Ökobilanzierung von Materialien und Produkten erforderlichen Daten für den Energieaufwand und die Umweltindikatoren kommen aus verschiedenen Quellen. Die Datengrundlagen für die Rohstoffgewinnung und Entsorgung stammen in der Regel aus Forschungseinrichtungen, Hochschulen usw. Daten der Produktherstellung stammen zumeist von den Herstellern selbst. Auf Internetplattformen wie *www.nachhaltigesbauen.de* oder *www.gutebaustoffe.de* sind diese Daten auch öffentlich. Im Ergebnis erhält man z.B. das Treibhauspotenzial oder den Primärenergiebedarf für einzelne Materialien, für Produkte oder für ganze Bauteile. Zum Beispiel für einzelne OSB-Platten, die im Bau häufig universell als Wandbeplankungen, Dachschalungen, Fußbodenaufbauten oder Wandplatte verwendet werden. Hersteller, die ihre Daten freigeben, sorgen somit nicht nur für mehr Transparenz, sondern leisten zudem einen wichtigen Beitrag für die detaillierte Bilanzierung von Gebäuden. Bei entsprechender Datenverfügbarkeit ermöglicht dies auch eine Berechnung der Primärenergie für ein gesamtes Gebäude, wie z.B. dem unter Kapitel 0 vorgestellten siebengeschossigen Holzhaus E3. Im Prinzip wird einfach die Gesamtmenge an verbautem Holz oder Holzwerkstoff mit dem spezifischen Primärenergiefaktor multipliziert und um die energetischen Gutschriften für Nachnutzung als Pauschale ergänzt. Bilanziert wird für einen Zeitraum von 50 Jahren (die »reference period«). Diese Zahl nennt nicht die gewünschte Nutzungsdauer des Gebäudes, sondern dient nur der internationalen Vereinheitlichung gerechneter Ökobilanzen. Zusammen mit anderen Konventionen werden somit die Ergebnisse von Gebäudebilanzen auch international vergleichbar.

9.2 CO_2-Speicherpotenziale in Holz nutzen

Bei der Bilanzierung des Holzhauses E3 ergaben sich wichtige Erkenntnisse. In einem ganz normalen Stahlbeton-Bauwerk stecken ca. zwei Drittel der für die Herstellung und Verarbeitung der Baumaterialien erforderlichen Primärenergie (»graue Energie«) und des erzeugten Treibhauspotenzials nur im Rohbau. Es liegt auf der Hand, dass hier die größten Energiesparpotenziale liegen. Holz bietet sich als Baustoff an, weil er ein nachwachsender Rohstoff ist und eine günstige Umweltbilanz aufweist. Allerdings ist auch hier Vorsicht geboten. Denn eine Holzfassade verrät noch nicht viel über die gesamte Ökobilanz eines Gebäudes. Hinter mehrgeschossigen, nicht tragenden Holztafeln verbergen sich häufig zwar einfache aber auch materialaufwendige Befestigungen.

Abbildung 55: Hoher Materialaufwand für Anschlüsse, Befestigungen, Feuchteschutz und Brandschutz [Quelle: ARCADIS, GFÖB]

Die in Abbildung 55 gezeigte Befestigung besteht aus ca. 50 kg Stahl. Unter dem Aspekt der erforderlichen Primärenergie und des erzeugten Treibhauseffektes gesehen, wird der positive Effekt der Holzverwendung als nachwachsender, CO_2-speichernder Rohstoff mehr als aufgehoben.

Es gibt aber auch Beton-Skelettbauten mit Holztafeln als Wände, Fassaden und Decken, die mit wesentlich weniger Nebenmaterialien auskommen. Bei dem im Kapitel 0 vorgestellten Dienstleistungs- und Verwaltungszentrum in Eberswalde/Barnim wurde die nicht tragende Holzfassade mit einem deutlich reduzierten Befestigungsaufwand realisiert (siehe Abbildungen). Der Befestigungsaufwand einer Holzfassade muss folglich in einem vernünftigen Verhältnis von eingespartem Treibhauspotenzial zu dem verwendeten Rohstoff Holz stehen, erst dann können die CO_2-Speicherpotenziale in Holz effektiv genutzt werden.

Wie bereits erwähnt, stecken die größten Energiesparpotenziale in der Verwendung nachwachsender Rohstoffe im Rohbau eines Gebäudes. Wesentliche Erfolge stellen sich ein, wenn Rohbaukonstruktion, die Stützen und Deckenplatten entsprechend gestaltet werden. Auch hier ist das siebengeschossige Holzhaus E3 in Berlin beispielgebend. Mit einer tragenden Konstruktion des Gebäudes aus Holz kann der Primärenergieaufwand deutlich gesenkt werden. Tafel- und Skelettbauweisen haben sich hierfür in der Praxis bereits hinreichend bewährt.

Abbildung 56: Deutlich reduzierter Befestigungsaufwand [Quelle: ARCADIS, GFÖB]

Je stärker die betriebliche Nutzungsenergie eines Gebäudes gesenkt wird, desto größer wird die relative Bedeutung der Herstellungsenergie. Passiv- und Niedrigenergiehäuser sind durch einen minimalen Energieverbrauch in der Nutzung gekennzeichnet. Es verwundert daher kaum, dass bei einer Nutzungsdauer von 50 Jahren, die für die Herstellung aufgewendete Primärenergie des Hauses ca. 10–20 % beträgt. Das ist ein erheblicher Anteil an der Gesamtbilanz. Entscheidend wird dieser Anteil, wenn es um weitere zukünftige Einsparpotenziale geht.

Dann stellt sich die Frage, ob man eher in die Haustechnik investiert oder die finanziellen Mittel dazu benutzt, den Primärenergieaufwand durch die richtige Materialauswahl bei der Herstellung und Umsetzung des Bauvorhabens weiter zu reduzieren.

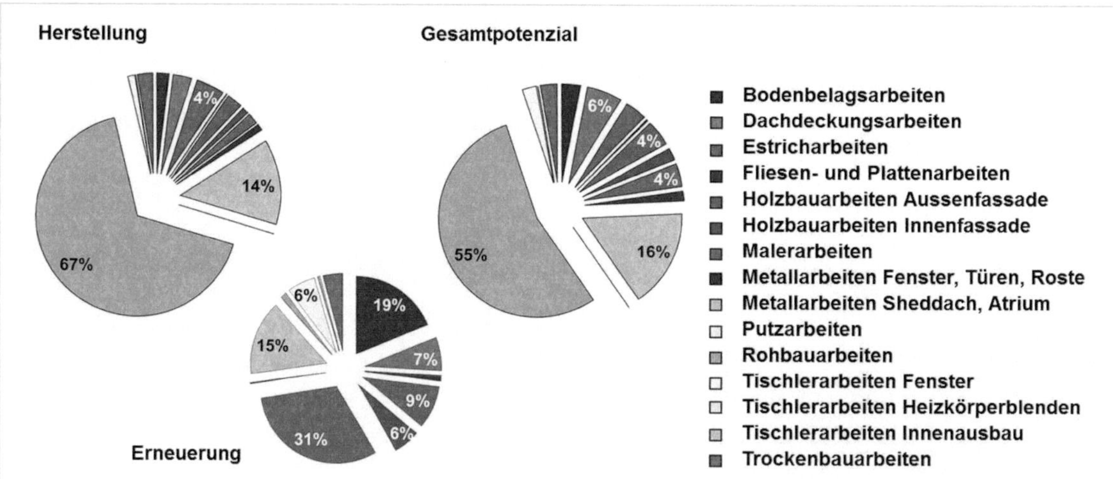

Abbildung 57: Primärenergie n. e. (nicht erneuerbar) nach Gewerken am Beispiel eines Verwaltungsgebäudes [Quelle: ARCADIS, GFÖB]

9.3 Dauerhaftigkeit und Lebenszykluskosten

Die Dauerhaftigkeit und die Nachhaltigkeitsbewertung sowie der Lebenszyklus von Gebäuden können sehr gut durch die Kostenrechnung betrachtet werden. Insbesondere die Neue Bauproduktenverordnung der EU (Construction Products Regulation Nr. 305/2011) schreibt die nachhaltige Nutzung von natürlichen Ressourcen vor. Im Juli 2013 wird die neue Verordnung in Kraft treten. Ab diesem Zeitpunkt erhalten Kriterien wie die Dauerhaftigkeit, der Einsatz umweltfreundlicher Rohstoffe und das Recycling von Baustoffen eine noch höhere Bedeutung bei der Umsetzung von Bauvorhaben. Hierfür ist vor allem die Ausführungsplanung in der Verantwortung. Die meisten Baufehler und Gewährleistungsprobleme sind in der Ausführungsplanung und der Ausschreibung begründet. Eine langfristige

Werterhaltung ist nur gewährleistet, wenn von Beginn an mit einer konsequenten Qualtiätssicherung und -prüfung gearbeitet wird. Je früher dies im Planungs- und Bauprozess berücksichtigt wird, desto erfolgreicher ist das Bemühen um nachhaltige Gebäude.
In der Praxis bedeutet dies, bestimmte Eigenschaften der jeweiligen Bauteile abzufragen. Diese müssen im Bereich der technischen Qualität, aber auch im Rahmen der Bauprozesse dokumentiert werden. Hierfür eignen sich insbesondere integrierte Qualitäts- und Umweltmanagementsysteme. Für die Bilanzbewertung und für die Betriebskostenrechnung ist zum Schluss die Frage nach der Dauerhaftigkeit der einzelnen Bauteile eines Gebäudes von Bedeutung. Wie bereits ausgeführt werden sowohl der Ökobilanz als auch den Lebenszykluskosten eine Referenznutzungsdauer von 50 Jahren zugrunde gelegt. Auf diesen Zeitraum werden die »Einmalaufwendungen«, wie Herstellungskosten und Entsorgungskosten, umgelegt und der jährliche Bedarf für Betrieb und Instandhaltung hinzu addiert. Im Rahmen der Instandhaltungsaufwendungen ist der sog. Erneuerungszyklus von Bauteilen, also der angenommene Zeitraum, in dem z.B. Fenster, Bodenbeläge usw. auszutauschen sind, von Bedeutung.

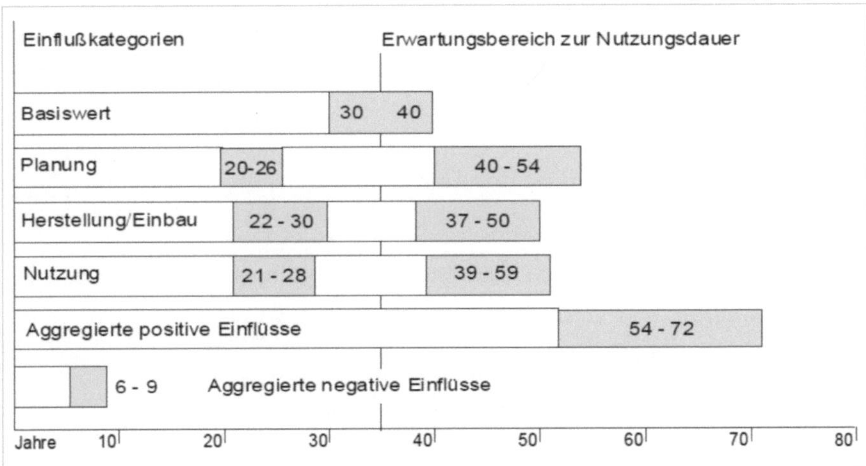

Abbildung 58: Auswirkung auf die Dauerhaftigkeit am Beispiel Holzfenster [Quelle: ARCADIS, GFÖB]

Im Detail kann die Datenlage kompliziert sein. Denn bei einzelnen Bauteilen ist Dauerhaftigkeit kein fixer Wert, sondern ein mittlerer Erwartungswert, der in der Regel von den Fachverbänden beobachtet und veröffentlicht wird. Bei einem Holzfenster liegt dieser beispielsweise bei ca. 30 bis 40 Jahren. Ermittelt werden diese Werte zumeist aus Mittelwerten von Schadensgutachten.
Ziel sollte es sein, weg vom Mittelwert hin zu einer Betrachtung zu gelangen, die eine möglichst lange Nutzungsdauer ins Auge fasst. Gegenwärtig sieht die Realität aber leider noch anders aus. Bei der finanziellen und der kaufmännischen Rechnung für Gebäude – auch bei der Ökobilanzrechnung und Umweltwirkung – wird zurzeit nur der Mittelwert angesetzt. Das belohnt Bemühungen um Qualität nicht.

9.4 Qualität ökonomisch sichtbar machen

Es gibt viele Potenziale, um die Dauerhaftigkeit eines Produktes oder Bauteiles zu verlängern. Entscheidender Ausgangspunkt ist dabei nach wie vor die Problemwahrnehmung während der Planung. Je konsequenter diese ausfällt, desto wahrscheinlicher sind schließlich auch längere Nutzungszeiten. Ingenieure können bei einem Holzfenster durch eine entsprechend hochwertige Planung und Überwachung der Fenster immerhin eine Zeitspanne von 40 bis 70 Jahren beeinflussen. Voraussetzung hierfür ist die Integration wichtiger Qualitätsanforderungen an das Fenster in der Ausschreibung und eine kompetente Planung des Einbaus und der Anschlüsse an das Bauwerk. In dieser Arbeit zeigt sich die Qualität ihrer Leistung.

Bezüglich der Betriebskostenrechnung, aber auch der mit der Ökobilanz ermittelten Umweltwirkungen ergeben sich durch die Erhöhung der Nutzungsdauern innerhalb einer Referenznutzungsdauer von 50 Jahren erhebliche Größenordnungen. Produkte, die auf Dauerhaftigkeit ausgelegt und qualitätsgesichert verarbeitet und eingebaut sind, mögen in der Anschaffung eventuell mehr kosten, sind in ihrer gesamten Nutzungszeit aber wesentlich kostengünstiger. Wenn diese Produkte zudem reparierbar gestaltet sind, können sie bei einer guten Pflege und Wartung mit kostengünstiger Grund- oder Teilerneuerung auch über eine lange Gebäudedauer erhalten bleiben. Diese Aspekte müssen möglichst umfangreich bei der Lebenszykluskostenrechnung betrachtet werden, die dem Grundsatz folgt, Qualitätsmanagement und Qualitätsbemühungen ökonomisch sichtbar zu machen.

Untersuchungsergebnisse belegen, dass sich Fehler bei der Planung, der Herstellung, dem Einbau und der Nutzung erheblich auf den Lebenszyklus eines Produktes auswirken. Bei Holzfenstern kann dies zu einer Verdoppelung der durchschnittlich zu erwartenden Nutzungsdauer führen. Für die Betriebskosten betrachtet lässt sich auf diese Weise jede zweite Fenstererneuerung einsparen. Überträgt man die Qualitätssicherung auf alle möglichen anderen Bauteile, dann wird das Einsparpotenzial für den Gebäudebetrieb sehr deutlich sichtbar. Für Qualität muss dann keine Überzeugungsarbeit geleistet werden.

9.5 Große Optimierungspotenziale bei Holz

Das Qualitätsargument und die Erfassung der planungs- und situationsabhängigen Dauerhaftigkeit von Bauteilen sind schon in vielen Branchen, wie dem Betonbau und dem Korrosionsschutz, angekommen. Im Holzbau besteht aber noch ein dringender Handlungsbedarf. Holz wird als nachwachsender Rohstoff immer wichtiger. Das macht ihn als Baustoff besonders attraktiv. Holz oder Holzwerkstoffe erfordern aber auch besondere Anstrengungen für den Schutz gegen Witterung, Schädlinge usw. Eine Edelstahlstange, sofern sie nicht recycelt wird, ist in 10.000 Jahren nahezu noch von gleicher Beschaffenheit. Nachwachsende Rohstoffe wie Holz sind hingegen alle biologisch abbaubar. Also ist dort die Spreizung der Dauerhaftigkeitskurve besonders groß und gerade deswegen das Optimierungspotenzial entsprechend hoch. Genau deshalb bedarf es hier einer besonderen Aufmerksamkeit.

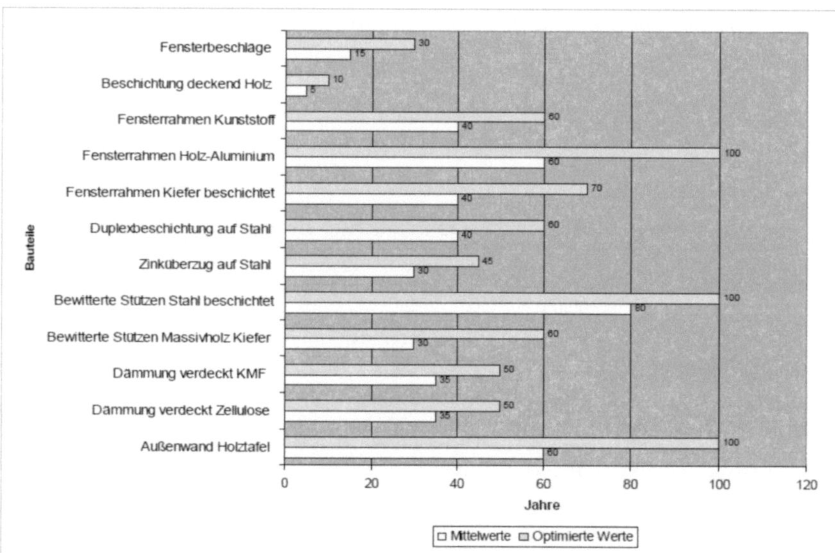

Abbildung 59: Optimierungspotenziale durch Gütesicherung bei der Lebensdauer von Fenstern [Quelle: ARCADIS, GFÖB]

Ermittelt werden die Optimierungspotenziale insbesondere durch die Betrachtung von zwei Faktoren. Zum einen handelt es sich um materialspezifische Risiken, wie sie durch pflanzliche Schädlinge und Feuchtigkeit gegeben sind. Zum anderen aber auch um funktionsspezifische Belastungen, wie sie durch Witterung und Nutzung auftreten. Aus der entsprechenden Relevanz der Risiken lässt sich schließlich ein Optimierungspotenzial ermitteln. Dieses beschreibt die notwendigen Schutz- und Begleitmaßnahmen in einer konkreten Einbausituation, also die notwendige Gütesicherung der Planung und Ausführung. In der Differenz zur normalen durchschnittlich anzunehmenden Nutzungsdauer des Bauteils, ohne besondere Maßnahmen zur Gütesicherung, ergibt sich schließlich das Optimierungspotenzial.

Diese Rechnung einschließlich der notwendigen Qualitätssicherung wurde bereits mehrfach für Gebäude durchgeführt und konnte zum Teil erhebliche Optimierungspotenziale aufdecken. Leider rechnen heute noch die meisten Banken, Versicherungen, Kaufleute und andere relevante Akteure auf die konventionelle Weise ohne Berücksichtigung der möglichen besseren Ergebnisse eines konsequenten Umwelt- und Qualitätsmanagements. Die Potenziale, die sich aus einer Erhöhung der Werthaltigkeit von Bauteilen und Gebäuden ergeben, werden erst ganz allmählich erkannt. Die Bedeutung der Lebenszykluskostenrechnung wächst jedoch.

Investitionsentscheidungen können so besser für die Dauerhaftigkeit von Baustoffen – und Bauteilen sensibilisiert werden, nachwachsende Rohstoffe können überzeugender eingesetzt und ökonomisch verkauft werden. Gegenwärtig braucht es noch zu viel Überzeugungsarbeit und Reden, um diesen Materialien zu der Anerkennung zu verhelfen, die sie verdienen.

10 Wärmedämmung und Brandschutz

Harald Sterzenbach

Bezüglich des sinnvollen betriebenen Aufwandes für die Wärmedämmung erklärt Harald Sterzenbach, Lehrer am Oberstufenzentrum Bautechnik I, die Eigenschaften guter Dämmstoffe und zeigt, dass Wärmeschutz gefährlich wird, wenn der Brandschutz keine Beachtung findet. Kunststoffe wie Polystyrol dämmen zwar hervorragend, sind aber auch leicht entflammbar. Wärmedämmputz stellt eine sinnvolle Alternative dar, wird bis dato aber noch unterschätzt.

Die Menschheit baut seit vielen Jahrhunderten Häuser in den verschiedensten Formen. Seit ca. 1.000 Jahren gehört dazu auch der Massivbau, welcher sich durch seine tragende Wandkonstruktion sowie durch seine guten Wärmedämm- und Wärmespeicherfähigkeiten auszeichnet. Im Verlauf der letzten hundert Jahre hat sich der Energiebedarf für Heizen und Kühlen verändert, weil die Ansprüche gewachsen und schließlich auch technisch umsetzbar sind. In den kalten Jahreszeiten soll die gesamte Wohnung wohltemperiert sein und im Sommer möglichst kühl bleiben.

10.1 Gute Dämmstoffe

Einen guten Dämmstoff zeichnen verschiedene Eigenschaften aus. Dazu gehören neben einem hohen Wärmedämmwert, die Brandbeständigkeit und die Wasserdampfdiffusionsfähigkeit der verwendeten Materialien. Dämmstoffe sollten temporäre Feuchtigkeitsbelastungen ausgleichen können, d.h. Wasserdampf aufnehmen und bei Bedarf auch wieder abgeben können. Eine weitere maßgebliche Eigenschaft, die gute Dämmstoffe auszeichnet, ist zudem ein geringes Maß an grauer Energie. Die für die Produktion aufgewendete Primärenergie sollte möglichst gering sein und in einem vertretbaren Verhältnis zum Energieeinsparpotenzial stehen. Des Weiteren sollte ein guter Dämmstoff wiederverwertbar und als ein Baustoff auch mechanisch stabil sein. Das ermöglicht einen langen Lebenszyklus und folgt damit einer nachhaltigen Baulogik.

10.2 Dämmschutz versus Brandschutz

Dämmschutz und Brandschutz von Gebäuden stehen häufig in einem Zielkonflikt. Denn meist erzielen gerade künstliche Materialien eine hohe Dämmwirkung, weisen im Gegensatz dazu aber auch eine bedenklich geringe Brandbeständigkeit auf. Ein Beispiel hierfür ist der auch heute noch weit verbreitete Kunststoff Polystyrol. Polystyrol entzündet sich bei Beflammung und entwickelt eine stark rußende Flamme. Zudem neigt das Material dazu, brennend abzutropfen. Brände können sich so schnell ausbreiten und die Löscharbeiten erschweren. Aber auch andere Dämmstoffe, wie Hanf, Holzfasern und Steinwolle, haben ein Brandpotenzial, gleichwohl hier die Gefahr einer Ausbreitung nicht ganz so groß ist.

10.3 Unterschätzter Wärmedämmputz

Aufgrund der Brandgefährlichkeit stellt sich deshalb die Frage nach Alternativen. Eine solche ist die Verwendung von Wärmedämmputz. Dieser besteht aus einem Grundputz und einem Zuschlagstoff, der den Wärmedurchgang stark reduziert.

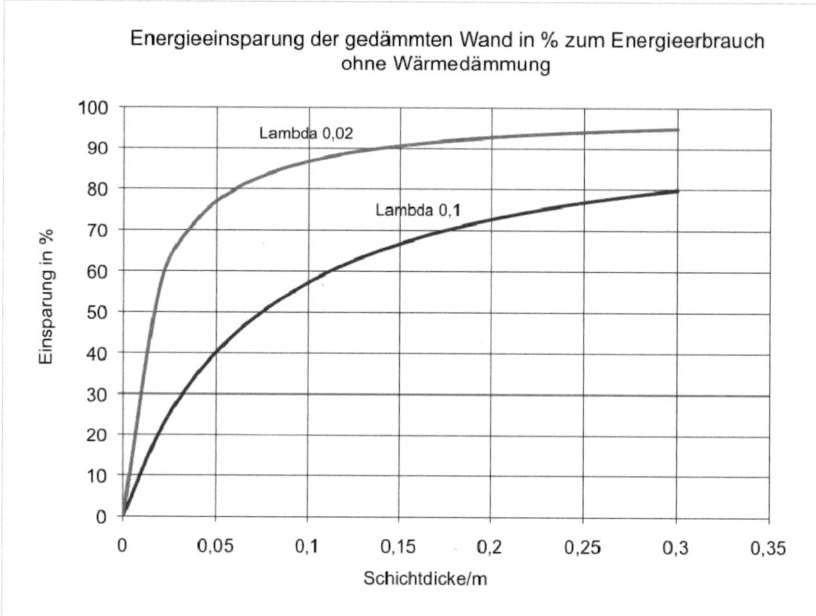

Abbildung 60: Vergleich der Energieeinsparung durch die Verwendung von Polystyrol (obere Kurve) und Wärmedämmputz (untere Kurve)

Abbildung 60 zeigt einen Vergleich der Energieeinsparung mittels einer Dämmschichtdecke mit Polystyrol (Lambda 0,02) und einem Wärmedämmputz (Lamba 0,1). Die Polystyroldämmung schneidet im Vergleich zwar bedeutend besser ab, die geringere Dämmwirkung des Wärmedämmputzes ist dabei dennoch beachtlich. Mit einem 10 cm dicken Wärmedämmputz lassen sich immerhin knapp 60 % an Energie einsparen. Zudem bietet der Wärmedämmputz große Vorteile. Bei einer relativ guten Wärmedämmung ist er nicht brennbar, hoch wasserdampfdiffusionsfähig, hat eine gute Anbindung bei Wärmebrücken, einen schlüssigen Anschluss an das Mauerwerk, ist mechanisch stabil und ist einfach zu verarbeiten. Die Anwendung von Wärmedämmputzen bietet sich vor allen bei Altbauten an, die aufgrund ihres relativ dicken Mauerwerks bereits eine gute Grunddämmung besitzen. In früheren Sanierungen (und auch noch heute) griffen Planer häufig zu dem bereits erwähnten Polystyrol und setzten die Bewohner damit nicht nur einer unnötigen Brandgefahr aus, sondern verursachten dadurch zum Teil auch Schäden am Gebäude an. Es gibt in Berlin Beispiele von Häusern aus der Gründerzeit, die mit Polystyrol zugeklebt und mit neuen Fenstern versehen wurden. Anschließend wunderte man sich, dass überall Schimmel im Haus auftrat. Seitdem spricht man auch von der Sanierung der Sanierung.

10.4 Weniger kann mehr sein

Abschließend bleibt also der Hinweis, dass weniger auch mehr sein kann. Gerade bei Altbauten, die in Massivbauweise ohnehin relativ luftdicht konstruiert sind, muss die Auswahl der Dämmstoffe wohlüberlegt erfolgen. Für die Energiebilanz eines Gebäudes zählen auch die Nutzungsdauer und die über den gesamten Zeitraum angefallene graue Energie. Eine Wärmeschutzmaßnahme mit weniger Energieeinsparung kann hier bei einer höheren Lebensdauer, weniger Primärenergie, gutem Brandschutz und dennoch guter Dämmwirkung unter Umständen die bessere Lösung sein. Im Hinblick auf die Gesamtenergiebilanz eines Bauwerks ist dieser Aspekt aber leider in den gesetzlichen Regularien (z.B. EnEV) viel zu wenig berücksichtigt. Das führt dazu, dass viele sinnvolle Dämmmaßnahmen nicht umgesetzt werden, weil sie den hohen gesetzlichen Ansprüchen nicht genügen. Leider geht dadurch ein erhebliches Einsparpotenzial verloren.

10.5 Abschlussdiskussion zur Brandgefahr von Dämmstoffen

In der auf den Vortrag folgenden Abschlussdiskussion knüpften die Diskussionsteilnehmer an Sterzenbachs Argumentation an und betonten noch einmal die Feuergefährlichkeit des Dämmstoffs Polystyrol. Der Energietechniker Martin Behne begrüßt deshalb ebenfalls die Verwendung von Wärmedämmputzen und verweist auf zukünftige Entwicklungen: »In der Schweiz, in der eidgenössischen Materialprüfanstalt Zürich, gibt es derzeit ein Forschungsvorhaben zu Aerogel-modifiziertem Wärmedämmputz mit einem Lambda-Wert von 0,02. Mit 6–7 cm von diesem Wärmedämmputz erhalten sie die Dämmwirkung von 14 cm Polystyrol.« Es gibt also mögliche Alternativen zu dem gefährlichen Polystyrol, die sich durch hervorragende Dämmeigenschaften bei gleichzeitig hohem Brandschutz und bauphysikalischen Vorteilen auszeichnen.

Der Bilanzierungsexperte Alexander Rudolphi verweist dabei nochmals auf die eigentliche Gefahrenquelle bei brennenden Dämmstoffen: »Die Leute werden nicht verbrannt, sondern werden Opfer der Gasentwicklung.« Die Brandgasentwicklung wird vor allem in Gebäuden mit Personen mit eingeschränkter Fluchtfähigkeit zum Problem. »Wenn in einem Seniorenheim oder Krankenhaus die Fassade brennt, dann kommt es nicht nur zur Behinderung des Feuerangriffsweges, sondern die Menschen werden mit Chlor- und Zyanwasserstoffen vergiftet.« Die Rettungskräfte haben kaum eine Chance Überlebende zu bergen, wenn im Innenbereich Polyurethan, PVC und Materialien mit hoch toxischen Brandgasen eingesetzt werden. Es zeigt sich, dass die Brandgefährlichkeit von Dämmstoffen ein wichtiger Parameter bei der Gebäudeplanung ist. Vermeintlich günstige und energetisch wirksame Lösungen können somit ein erhebliches Sicherheitsrisiko darstellen, das es künftig zwingend zu beachten gilt.

Harald Sterzenbach ist Lehrer (OStR) an der Knobelsdorff-Schule, Oberstufenzentrum Bautechnik I, in Berlin.
Nach einer Ausbildung zum Elektriker studierte er zwischen 1971 und 1974 an der Technischen Fachhochschule Berlin Nachrichtentechnik. Nach einer kurzen Praxiszeit als Ingenieur ergänzte er sein Studium an der Technischen Universität Berlin und wurde Lehrer. Seit 1981 unterrichtet er Physik und Bauphysik am Oberstufenzentrum Bautechnik I in Berlin. Er ist Fachleiter für Physik und regenerative Energie und leitet unter anderem Kurse an der »Berliner Landesstelle für gewerbliche Berufsförderung in Entwicklungsländern« im Bereich der Nutzung der regenerativen Energieformen.

11 Aktuelle Studien – Gute Beispiele

Die Wahl der richtigen Baustoffe oder Bauvarianten ist nicht immer einfach. Erst recht dann nicht, wenn bei den Auswahlkriterien die minimale Gesamtenergie (graue Energie plus Betriebsenergie) berücksichtigt werden soll.
Nachfolgend werden fünf Studien vorgestellt, die zur Baustoffauswahl oder zu der Wahl der Bauform aus ökologischer Sicht Anregungen geben können.
Zum einen hat das renommierte Öko-Institut Freiburg einen ökobilanziellen Vergleich von Dachziegel und Dachstein vorgenommen. Zum anderen wird eine Nachhaltigkeitsstudie zu den Ökobilanzen von Fassadenkonstruktionen mit Naturstein und Glas, herausgegeben vom Deutschen Naturwerkstein-Verband e. V., vorgestellt. Zuletzt werden kurz zwei Studien zum ökobilanziellen Vergleich von Pflasterklinkern und Betonsteinen und zum Thema Energie- und Ressourceneffizienz in der Bauwirtschaft vorgestellt.

11.1 Natursteinfassaden sparen Energie – Ökologischer Fassadenvergleich[1]

Herausgegeben vom Deutschen Naturwerkstein-Verband e.V. (DNV) 2010;
erstellt von PE International

Gebäude verbrauchen während ihres gesamten Lebenszyklus ein hohes Maß an Primärenergie und tragen somit wesentlich zum CO_2-Ausstoß bei. Besonders die Fassadenbauart mit den verwendeten Materialien entscheidet darüber, ob ein Gebäude hohe energetische und somit auch monetäre Verbräuche verursacht.
Die Ökobilanz eines Gebäudes analysiert dessen ökologische Auswirkungen während der Herstellung, der Nutzung, der Entsorgung und des Recyclings und ist somit für die lebenszyklusbezogene Betrachtung und Bewertung der ausgeführten Bauwerke ein elementarer Bestandteil nachhaltiger Planung.
Die vorliegende Nachhaltigkeitsstudie vergleicht Naturstein- und Glasfassaden mit unterschiedlich hohen Glasanteilen hinsichtlich ihrer ökologischen und ökonomischen Leistungsfähigkeit. Der erste Teil der Studie befasst sich mit dem Vergleich zweier typischer Fassadenkonstruktionen mit Naturstein und Glas über einen Zeitraum von 100 Jahren. Teil zwei untersucht drei verschiedene Fassadenvarianten am Beispiel des Frankfurter OpernTurms über einen Betrachtungszeitraum von 50 Jahren. Eine anschließende Kostenbetrachtung ermittelt den Barwert der gebäudebezogenen Nutzungskosten der untersuchten Fassadenvarianten.
Die Ergebnisse des ersten Teils der von PE International erstellten Nachhaltigkeitsstudie zeigen klar auf, dass Fassadenkonstruktionen mit Naturstein erhebliche ökologische und ökonomische Vorteile gegenüber Glaskonstruktionen aufweisen. Im Fassadenbau scheint der Weg zu nachhaltigen Gebäuden mit den begehrten Zertifizierungen (DGNB oder LEED) über geschlossene, wärmegedämmte Außenwände mit Bekleidungen aus Naturstein zu führen.
Die mehrteilige Studie vergleicht zunächst eine typische Natursteinfassadenkonstruktion (nach DIN 18516-3) mit einer Glasfassadenkonstruktion auf der Basis eines Quadratmeters Fassadenfläche. Dabei zeigt sich, dass über einen Zeitraum von 100 Jahren die Natursteinfassade deutliche ökologische Vorteile gegenüber einer Glasfassade aufweist.

1 Nachhaltigkeitsstudie Ökobilanzen von Fassadenkonstruktionen mit Naturstein und Glas; Herausgegeben vom Deutschen Naturwerkstein-Verband e. V. (DNV) 2010; erstellt von PE International

Im Ergebnis ist festzuhalten, dass Natursteinfassaden sowohl in der Herstellung als auch in der Nutzungsphase wesentlich weniger Primärenergie benötigen als Fassaden aus Glaselementen (siehe Abbildung 61). Über den gesamten Lebenszyklus betrachtet wird für eine Glasfassade sogar mehr als das Dreifache an Primärenergie im Vergleich zur Natursteinfassade aufgewendet, und diese zeigt auch bei weiteren Umweltkenngrößen (z.B. Treibhausgasemissionen) deutliche ökologische Vorteile auf.

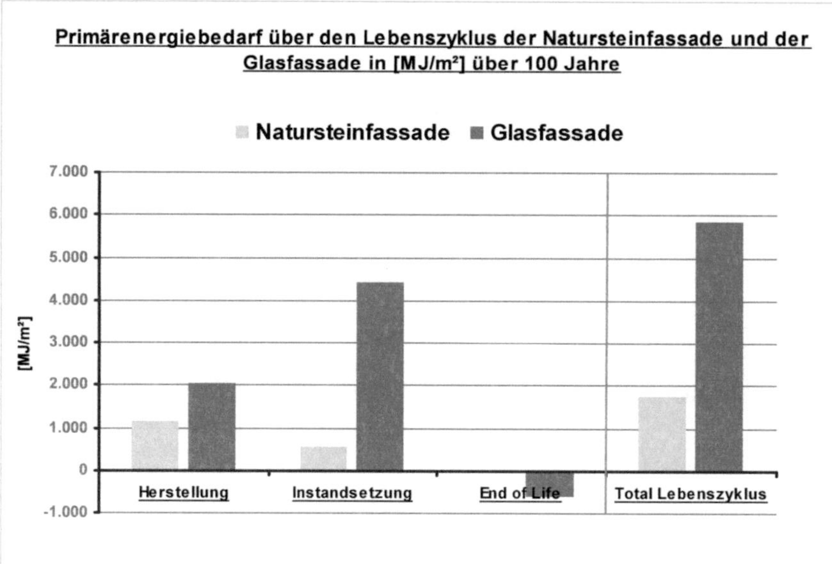

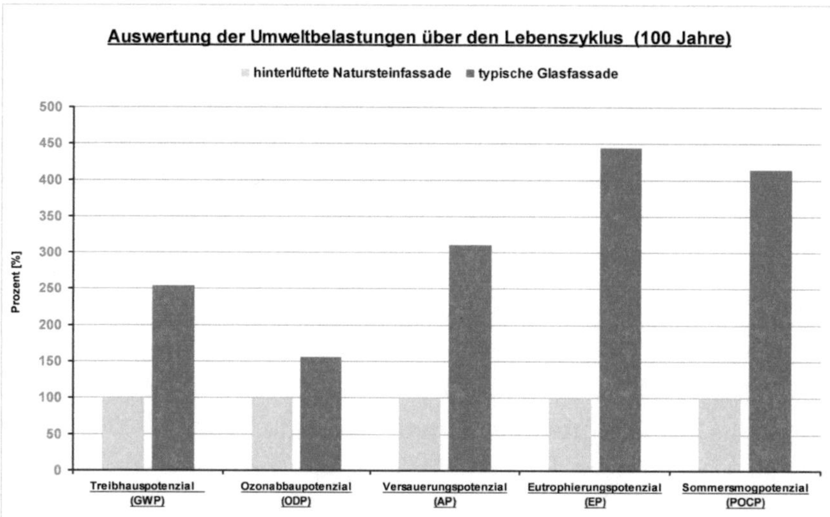

Abbildung 61: Primärenergiebedarf über den Lebenszyklus (unten) und Umweltbelastungen (oben) der beiden Fassadenvarianten

Der Mehraufwand an Primärenergie relativiert sich zwar geringfügig, wenn man die Herstellung separat betrachtet, doch benötigt die Glasfassade auch hier in etwa doppelt so viel energetische Ressourcen wie die Natursteinfassade. Zusätzlich wird für die Nutzungsphase deutlich, dass der Verbrauch von energetischen Ressourcen von der Anzahl der Austauschzyklen und den notwendigen Instandhaltungsmaßnahmen abhängt. Die Natursteinfassade liegt hier klar vorn. Durch ihre relativ langlebigen Bauteile kommt sie aufgrund der großen Austauschzyklen in dieser Phase mit etwa 50 % der energetischen Ressourcen im Vergleich zu ihrer Herstellung aus. Für die austauschintensive Instandhaltung der Glasfassade stellt die Nutzungsphase die relevanteste ökologische Phase während des gesamten Lebenszyklus dar. So zeigt die Studie, dass über einen Betrachtungszeitraum von 100 Jahren einzelne Bauteile bis zu dreimal komplett gewechselt werden müssen. Die Reinigung mit Wasser stellt zwar

ebenfalls einen wichtigen Aspekt in den ökonomischen Betrachtungen dar, sie ist aber vom ökologischen Standpunkt aus vernachlässigbar. Wie der Abbildung 61 zu entnehmen ist, zeigt die Natursteinfassade auch bei der Betrachtung weiterer Umweltbelastungen einen klaren ökologischen Vorteil gegenüber der Glasfassade auf.
Während der Herstellung und Nutzung überzeugt die Natursteinfassade also durch einen geringeren Ressourcen- und Energieverbrauch. Aber auch nach der Nutzungsphase zeigt sich, dass die Natursteinfassade bezogen auf den Gesamtlebenszyklus geringe ökologische Lasten (Ressourcenbedarf und Emissionen) mit sich bringt. Die Glasfassade erhält zu ihrem Lebensende immerhin eine ökologische Gutschrift. Die eingesetzten Materialien wie Aluminium und Kunststoff können durch die Rückführung in den Stoffkreislauf teilweise eine aufwendige Primärproduktion vermeiden.
Wie die Übersicht in Tabelle 7 zeigt, sind die betrachteten Umwelteinwirkungen der Glasfassade in der Summe zwischen 60 % und rund 340 % höher als die der Natursteinfassade:

Umwelteinwirkungen	Verhältnis Natursteinfassade/Glasfassade
Treibhauspotenzial (CO_2-Äquivalent; GWP)	1 : 2,5
Ozonabbaupotenzial (R11; ODP)	1 : 1,6
Versauerungspotenzial (SO_2-Äquivalent; AP)	1 : 3,1
Eutrophierungspotenzial (PO_4-Äquivalent; EP)	1 : 4,4
Sommersmogpotenzial (C_2H_4-Äquivalent; POCP)	1 : 4,3

Tabelle 7: Verhältnis verschiedener Umweltwirkungen bei einem allgemeinen Vergleich von Glasfassade und Natursteinfassade

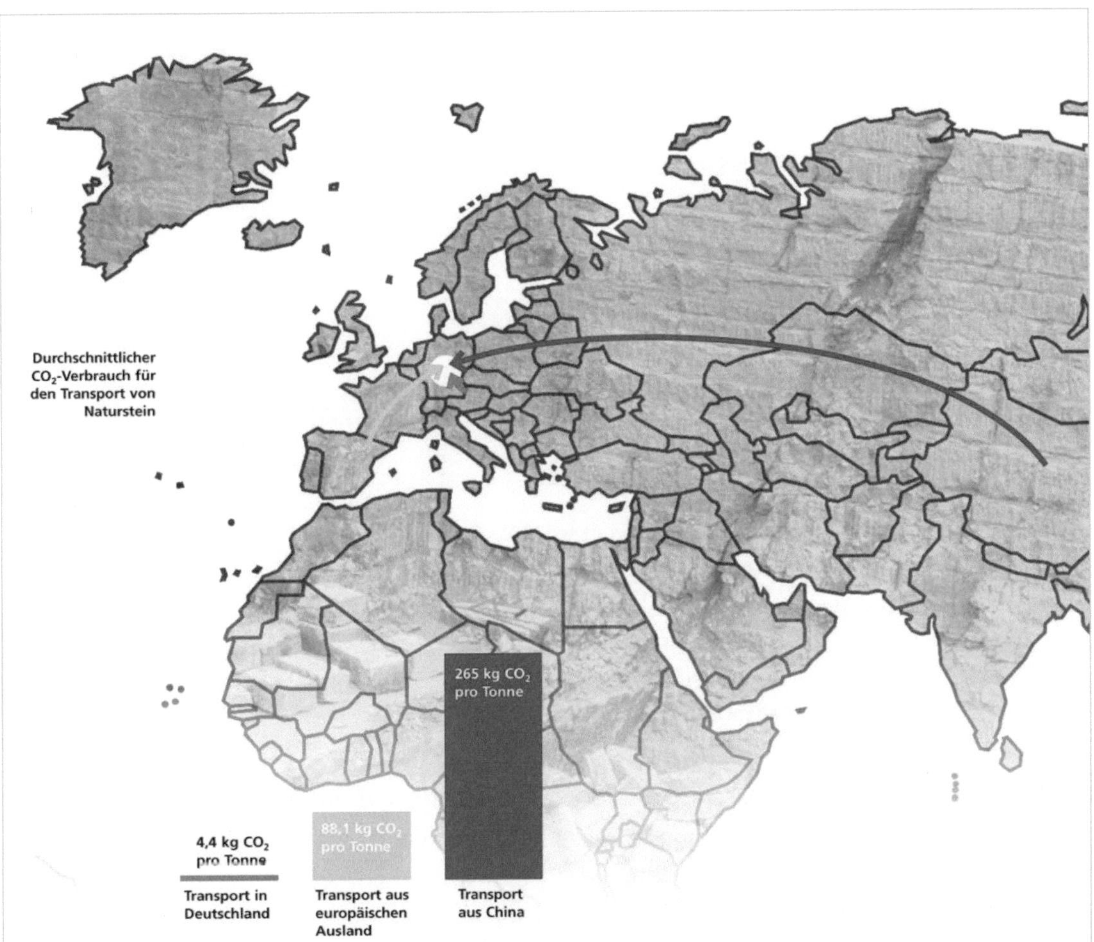

Abbildung 62: Durchschnittliche CO_2-Emission für den Transport von Naturstein

Im zweiten Teil der Studie wird die ökologische Performance der ausgeführten Fassade (Fassadenvariante 1) am Beispiel des OpernTurms mit zwei theoretischen Fassadenkonstruktionen (Fassadenvariante 2 und 3) verglichen.

- Fassadenvariante 1:
  Am OpernTurm in Frankfurt realisierte Fassade, bestehend aus einer elementierten, hinterlüfteten Natursteinfassade (17 %), einer hinterlüfteten Natursteinfassade nach DIN 18516-3 (33 %) sowie Glaselementen (50 %)
- Fassadenvariante 2:
  Hinterlüftete Natursteinfassade nach DIN 18516-3 mit einem Fensteranteil von 50 %.
- Fassadenvariante 3:
  Adäquate Glasfassade, bestehend aus Glaselementen (90 %) und hinterlüfteter Natursteinfassade nach DIN 18516-3 (10 %).

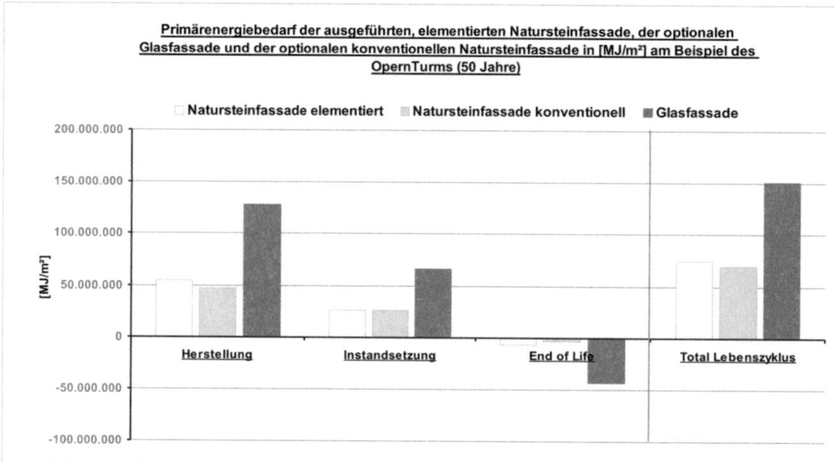

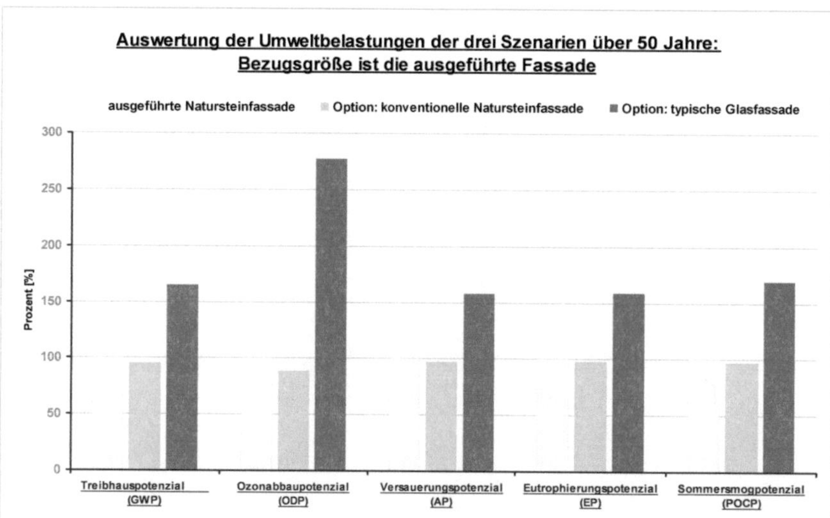

Abbildung 63: Primärenergiebedarf über den Lebenszyklus (unten) und Umweltbelastungen (oben) der drei Szenarien über einen Zeitraum von 50 Jahren

Aus energetischen Gründen gaben Stararchitekt Christoph Mäckler und der Bauherr Tishman Speyer einer Natursteinfassade gegenüber einer reinen Glasfassade den Vorzug. Aufgrund der verwendeten Natursteinfassade erhielt der OpernTurm als eines der ersten Bürogebäude Europas den begehrten LEED-Standard des U.S. Green Building Council in Gold. Laut Aussage der Fachplaner trägt diese Fassade wesentlich zur guten Energiebilanz des Gebäudes bei.

Natursteinfassaden bieten nicht nur ökologisch, sondern auch ökonomische Vorteile. So ist der für den Wärmeschutz bedeutende U-Wert bei der Natursteinfassade mit 0,32 W/m^2K wesentlich geringer als bei der Glasfassade mit durchschnittlich 1,25 W/m^2K. Dies bedeutet, dass die Transmissionswärmeverluste und damit der Wärmebedarf des Gebäudes bei der Natursteinfassade deutlich geringer ausfallen.

Laut einer Untersuchung des Darmstädter Instituts Wohnen und Umwelt liegt der Energiebedarf eines Gebäudes mit konventioneller Natursteinfassade zwischen 100 und 150 Kilowattstunden pro Quadratmeter und Jahr [kWh/m^2a], während der Primärenergieverbrauch bei Glasgebäuden zwischen 300 und 700 Kilowattstunden pro Quadratmeter und Jahr anzusiedeln ist und somit das Niveau schlechter Altbauten erzielt.

Auch die Herstellungskosten einer Natursteinfassade sind wesentlich günstiger als die einer Glasfassade. Der Oberste Bayerische Rechnungshof stellte bei 20 geprüften Fassaden fest, dass die Investitionskosten in etwa proportional mit dem Glasanteil anstiegen. Während Lochfassaden bei einem Glasanteil von 35 % mit 400 €/m^2 Fassadenfläche auskamen, wurden bei einem Glasanteil von 90 % Investitionskosten von 1.280 €/m^2 notwendig.

	Natursteinfassade	Glasfassade	Quelle
Herstellungskosten	640 €/m^2	1.280 €/m^2	ORH 2008
Instandhaltungskosten	4,50 €/m^2	9 €/m^2	DGNB 2009
Reinigungskosten	–	1,50 €/m^2	DGNB 2009

Tabelle 8: Lebenszykluskosten der verschiedenen Fassadenvarianten

Die Kostenbetrachtung, die im dritten Teil der Nachhaltigkeitsstudie behandelt wird, beleuchtet die ökonomische Performance von Fassadenvarianten in Naturstein und Glas über den gesamten Lebenszyklus von 50 Jahren.

Dabei werden die Herstellungs-, die Instandhaltungs- und die Reinigungskosten betrachtet sowie der Energiebedarf während der Nutzungsphase in Form von Wärme, Kühlung, Lüftung und Beleuchtung. Die Ergebnisse zeigen deutliche Kostenvorteile der Natursteinfassade mit einem Fensteranteil von 50 % der Außenfläche gegenüber der reinen Glasfassade. Bezogen auf das betrachtete Fassadenelement mit 14,7 m^2 Außenfläche betragen die Kosteneinsparungen der Natursteinfassade über den Lebenszyklus ca. 15.800 €. Dabei wurde eine Energiepreissteigerung von 4 % angenommen. Bei einer Energiepreissteigerung von 6 % betragen die Unterschiede sogar ca. 16.400 € (siehe Abbildung 63:).

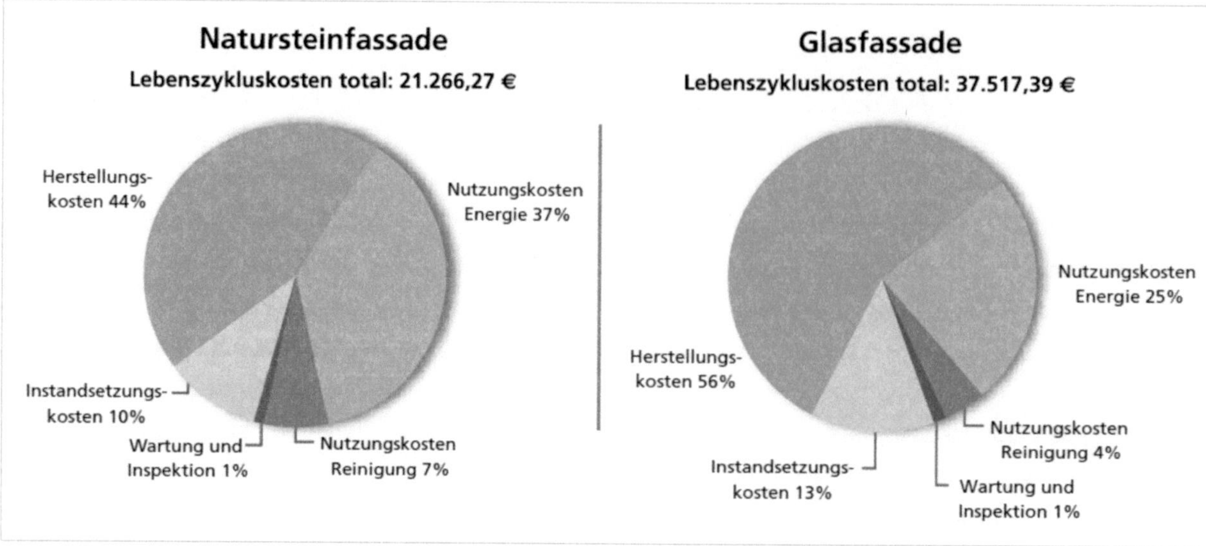

Abbildung 64: Verteilung der Lebenszykluskosten im Vergleich zwischen Naturstein- und Glasfassade bezogen auf 14,7 m² über 50 Jahre

Mehr denn je sind Energiesparen und eine nachhaltige Bauweise Grundlage jeder verantwortungsvollen Planungsarbeit. Architekten und Bauherren stehen zunehmend in der Pflicht, die Ressourcen unseres Planeten in Form von Energie und Material zu schonen und eine Zerstörung der Umwelt durch belastende Bauweisen zu minimieren. Naturstein, der Baustoff aus dem unsere Erde besteht, unterstützt sie bei der Erfüllung dieser hohen Ansprüche.

11.2 Ökobilanzieller Vergleich von Dachziegel und Dachstein[2]

Dipl.-Ing. Carl-Otto Gensch (Autor)
Dipl.-Ing. Ran Liu (weitere Mitarbeit)

Auf der methodischen Grundlage einer Ökobilanz führte das Öko-Institut Freiburg 2008 im Auftrag der Monier Gruppe (z. B. Marke Braas in Deutschland) eine Vergleichsstudie zu Dachsteinen (Beton) und Dachziegeln (Ton) durch. Die Studie wurde als Ökobilanz entsprechend der internationalen Norm DIN EN ISO 14040 ff. durchgeführt. In dieser Norm sind Ziele und Untersuchungsrahmen definiert und wie die Sachbilanz, die Wirkungsabschätzung und die Auswertung wissenschaftlich ausgeführt werden sollen. Beginnend mit der Gewinnung und Bereitstellung der Rohstoffe, über die Produktion, Verpackung und den Transport der Produkte hat das Öko-Institut nicht nur einzelne Umweltbelastungen erfasst, sondern alle potenziellen Schadwirkungen in den Umweltmedien Luft, Wasser und Boden zwischen Dachsteinen und Dachziegeln verglichen. Da es bei beiden dieser Produkte eine Vielzahl von Modellen in unterschiedlichsten Ausführungen und darüber hinaus auch für ein einzelnes Produkt viele Varianten gibt, wurden für beide Produktgruppen von Monier der jeweilige Produktionsmix im Jahresdurchschnitt 2006 in Deutschland an allen Formen und Varianten zugrunde gelegt und damit die Gesamtheit beider Produkte im Rahmen dieser Studie angemessen abgebildet. Dachsteine und Dachziegel sind zwar jeweils ein wichtiger, aber nicht alleiniger Bestandteil des Systems »Bedachung«. Um den Einfluss der übrigen Systembestandteile zu minimieren, wurde in der Studie davon ausgegangen, dass die Baustoffe unter identischen konstruktiven Rahmenbedingungen eingebaut werden sowie identische Funktionen zum Schutz von Gebäuden und seiner Bewohner gegen witterungsbedingte Umwelteinflüsse übernehmen. Als funktionelle Einheit (Bezugsgröße der Bilanzierung und des Vergleichs) wurde jeweils 160 m^2 Dachfläche zugrunde gelegt. Dies entspricht der typischen Dachfläche eines Einfamilienhauses.
Im Rahmen der Studie wurden für beide Produktgruppen folgende Abschnitte des Lebenszyklus untersucht:

- Bereitstellung der Rohstoffe
- Herstellung der Dachziegel bzw. Dachsteine
- Verpackung und Distribution.

Ökobilanzieller Vergleich

Detaillierte Annahmen, die Systemgrenzen (wozu auch die Produktlebensdauer gehört) und die genaue Untersuchungsmethodik können der Originalstudie entnommen werden.
Im Rahmen der Sachbilanz wurden die mit den untersuchten Produkten verbundenen Stoff- und Energieströme systematisch erfasst und entsprechend der Lebenswegperspektive in einem normierten Verfahren für eine festgelegte Vergleichseinheit bilanziert. Es wurden quantitative, also mengenbezogene Daten erfasst, wie der Verbrauch von Strom und Wasser, oder der Verbrauch an Rohstoffen, wie Sand und Ton. Damit ergaben sich produktspezifische Ergebnisse, die im ersten Schritt ohne Wertung zusammengestellt wurden. Die anschließende Wirkungsabschätzung diente dazu, die in der Sachbilanz zusammen gestellten Stoff- und Energieströme in sogenannte Wirkungsindikatoren »zu übersetzen«, um so die potenziellen Umweltauswirkungen abzuleiten. Das Ergebnis der Wirkungsabschätzung ist eine Anzahl quantitativer Umweltauswirkungen, die ein Produkt verursacht, wie der Beitrag zum Treibhauseffekt, zum sauren Regen oder zum Ozonabbau.

2 Aus: Endbericht im Auftrag der Monier Group GmbH, Öko-Institut e. V. 2008

Im Ergebnis ist festzuhalten, dass Dachsteine gegenüber Dachziegeln bei fast allen hier als relevant eingeschätzten Umweltwirkungen signifikant besser abschneiden. Die meisten Ergebniswerte bei Dachsteinen liegen bei nur 45 % im Vergleich zu den betreffenden Werten bei Tonziegeln. Bei der Betrachtung des kumulierten Energieverbrauchs wird dies besonders deutlich. Für Rohstoffbereitstellung, Produktion, Verpackung und Distribution von Dachsteinen werden nur ca. 30 % der Energie verbraucht, die für Dachziegel aufgewendet werden muss. Weniger Energieverbrauch bedeutet dabei auch geringere CO_2-Emissionen. Einzig bei den atmosphärischen Quecksilberemissionen zeigen Dachsteine gegenüber den Tonziegeln eine größere Umweltwirkung, was auf Emissionen aus der Zementherstellung zurückzuführen ist.

Insgesamt zieht das Öko-Institut den Schluss, dass Dachsteine Dachziegeln aus Umweltsicht vorzuziehen sind. Beim kumulierten Energieaufwand (vgl. graue Energie) schneiden Betondachsteine gegenüber Tonziegeln wesentlich besser ab. Wie der Tabelle 9 zu entnehmen ist, liegt in der Summe der gesamte Energieaufwand bei Dachsteinen nur bei rund 30 % im Vergleich zu Tonziegeln. Während bei den Dachsteinen der dominierende Prozess die Rohstoffbereitstellung ist, wird deutlich, dass annähernd der gesamte Energiebedarf bei Tonziegeln mit einem Anteil von knapp 90 % durch die Produktion bestimmt wird.

	Dachziegel		Dachsteine	
Rohstoffbereitstellung	2.494 MJ	4,5 %	10.813 MJ	67,2 %
Produktion	49.354 MJ	88,2 %	3.578 MJ	22,2 %
Verpackung	240 MJ	0,4 %	658 MJ	4,1 %
Distribution	3.876 MJ	6,9 %	1.041 MJ	6,5 %
Gesamt	55.964 MJ	100,0 %	16.090 MJ	100,0 %

Tabelle 9: Vergleich von Dachziegel und Dachstein hinsichtlich des kumulierten Energieaufwandes

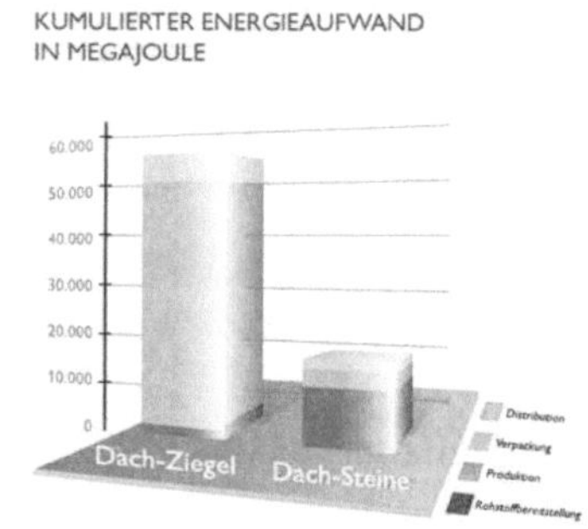

Abbildung 65: Kumulierter Energieaufwand bei Dachsteinen und Dachziegeln. [Quelle (für alle Abbildungen): An die Umwelt gedacht. Fakten rums umweltfreundliche Dach. Monier Braas 2008]

Ähnliche Ergebnisse liefert auch die Bilanzierung der übrigen umweltwirksamen Indikatoren. Die nachfolgenden Tabellen stellen die Treibhausgasemissionen, das Versauerungspotenzial[3], das Eutrophierungspotenzial[4], das Photooxidantienpotenzial[5] und das Feinstaubpotenzial[6] jeweils für Dachziegel und Dachsteine gegenüber.

3 Das Versauerungspotenzial wird aus den Emissionsangaben der Säurebildner Schwefeldioxid, Stickstoffoxide und Ammoniak ermittelt. Es ist ein Indikator für den Sauren Regen.

4 Das Eutrophierungspotenzial (Überdüngung) gibt Auskunft über die Anreicherung von Stickstoff und Phosphor. Beide Stoffe wirken als Dünger und können in empfindlichen Ökosystemen, zum Beispiel Seen, zum »Umkippen« beitragen.

5 Das Photooxidantienpotenzial beschreibt die Möglichkeit zur bodennahen Ozon-Bildung.

6 Mit dieser Wirkungskategorie wird die toxische Schädigung von Menschen durch Feinstaub bewertet.

Dachsteine aus Beton sind Dachziegeln aus Ton aus Umweltsicht vorzuziehen

Bei der Betrachtung wird klar, dass die Ergebnisse für den Dachstein in der Regel jeweils nur bei ca. 45 % im Vergleich zu den betreffenden Werten beim Dachziegel liegen. Wie oben bereits beschrieben, ist der Unterschied beim kumulierten Energieaufwand mit 1:3 zugunsten des Dachziegels besonders deutlich. Einzig beim Photooxidantienpotenzial erreicht der betreffende Wert mit rund 85 % annähernd das Ergebnis des Dachziegels.

TREIBHAUSGASEMISSION (CO_2-ÄQUIVALENTE) IN KILOGRAMM

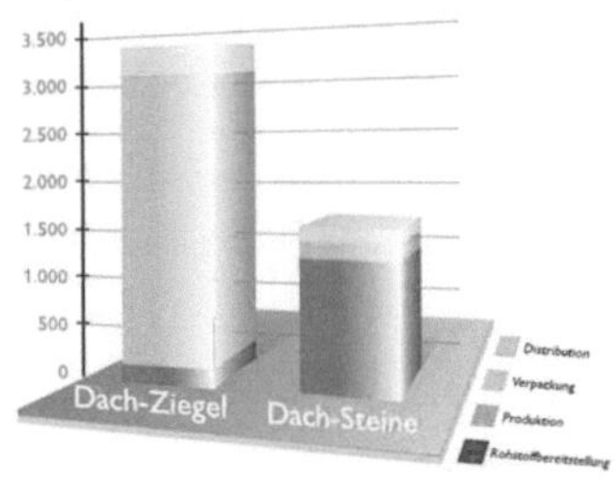

	Dachziegel		Dachsteine	
Rohstoffbereitstellung	191 kg	5,6 %	1.227 kg	79,6 %
Produktion	2.907 kg	85,4 %	214 kg	13,9 %
Verpackung	7 kg	0,2 %	20 kg	1,3 %
Distribution	299 kg	8,8 %	80 kg	5,2 %
Gesamt	3.404 kg	100,0 %	1.542 kg	100,0 %

Tabelle 10: Treibhausgasemissionen (CO_2-Äquivalente)

An einem durchschnittlichen Einfamilienhaus mit 160 m^2 Dachfläche wird dies besonders anschaulich: Bei einer Deckung mit Dachziegeln entstehen rund 3.400 kg CO_2-Äquivalente, bei Dachsteinen sind dies hingegen nur rund 1.550 kg. Bei einer theoretischen Hochrechnung für den Deutschen Dachmarkt zeigt sich, dass die Treibhausgasemissionen um 470.000 t geringer ausgefallen wären, wenn allein im Jahre 2006 alle in Deutschland mit Dachziegeln eingedeckten Dächer stattdessen mit Dachsteinen eingedeckt worden wären [MonierBraas 2008].

VERSAUERUNGSPOTENZIAL (SO_2-ÄQUIVALENTE) IN KILOGRAMM

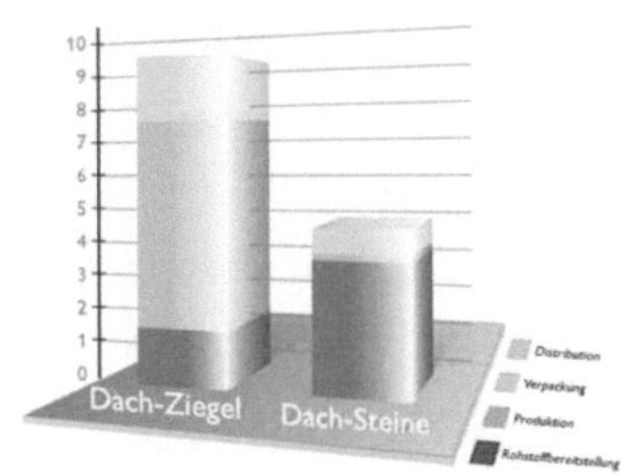

	Dachziegel		Dachsteine	
Rohstoffbereitstellung	1,4 kg	14,5 %	3,6 kg	80,8 %
Produktion	6,3 kg	66,8 %	0,2 kg	5,5 %
Verpackung	0,1 kg	0,6 %	0,2 kg	3,7 %
Distribution	1,7 kg	18,0 %	0,4 kg	10,0 %
Gesamt	9,4 kg	100,0 %	4,5 kg	100,0 %

Tabelle 11: Versauerungspotenzial (SO_2-Äquivalente)

ÜBERDÜNGUNGSPOTENZIAL (PO_4-ÄQUIVALENTE) IN KILOGRAMM

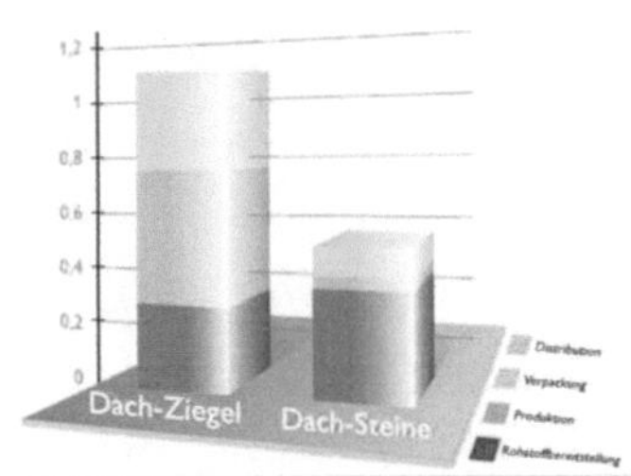

	Dachziegel		Dachsteine	
Rohstoffbereitstellung	0,28 kg	24,9 %	0,35 kg	70,8 %
Produktion	0,48 kg	42,6 %	0,04 kg	7,4 %
Verpackung	0,00 kg	0,4 %	0,01 kg	2,5 %
Distribution	0,36 kg	32,1 %	0,10 kg	19,3 %
Gesamt	1,13 kg	100,0 %	0,49 kg	100,0 %

Tabelle 12: Eutrophierungspotenzial (PO_4-Äquivalente)

PHOTOOXIDANTIENPOTENZIAL (ETHEN-ÄQUIVALENTE) IN KILOGRAMM

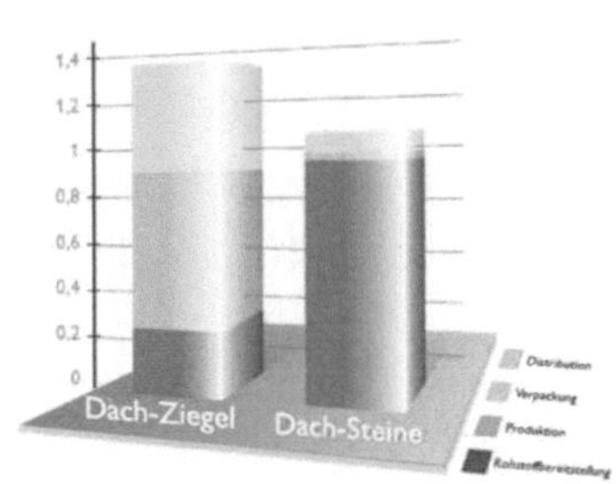

	Dachziegel		Dachsteine	
Rohstoffbereitstellung	0,25 kg	18,4 %	0,96 kg	84,0 %
Produktion	0,65 kg	47,5 %	0,03 kg	2,6 %
Verpackung	0,02 kg	1,6 %	0,06 kg	5,3 %
Distribution	0,44 kg	32,5 %	0,09 kg	8,1 %
Gesamt	1,36 kg	100,0 %	1,15 kg	100,0 %

Tabelle 13: Photooxidantienpotenzial (Ethen-Äquivalente)

Es sei einschränkend darauf hingewiesen, dass bezüglich des Feinstaubpotenzials keine belastbaren Daten zum Abbau der mineralischen Rohstoffe vorlagen. Werden die Gesamtmengen an abgebauten mineralischen Rohstoffen betrachtet, so fällt auf, dass auch hier von den abgebauten Rohstoffmengen der Dachstein mit rund 8,5 t besser abschneidet als der Dachziegel (11,25 t).

	Dachziegel		Dachsteine	
Rohstoffbereitstellung	2,04 kg	20,5 %	3,38 kg	75,2 %
Produktion	5,28 kg	53,0 %	0,30 kg	6,6 %
Verpackung	0,05 kg	0,5 %	0,13 kg	3,0 %
Distribution	2,60 kg	26,1 %	0,68 kg	15,2 %
Gesamt	9,97 kg	100,0 %	4,49 kg	100,0 %

Tabelle 14: Feinstaubpotenzial (PM10-Äquivalente)

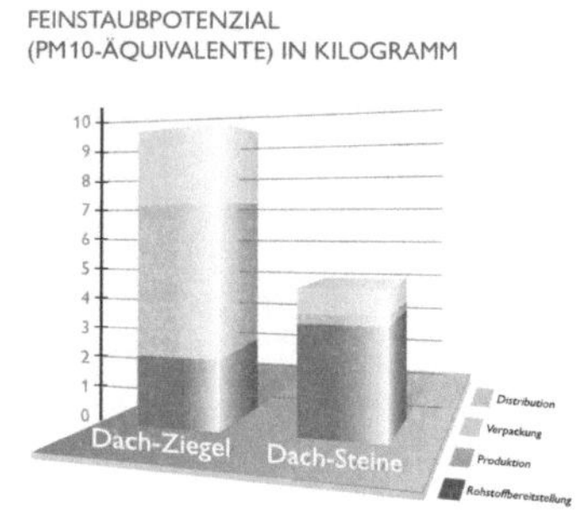

Lediglich bei den atmosphärischen Quecksilberemissionen, die beispielhaft für humantoxikologisch relevante Luftschadstoffe bilanziert wurden, schneiden Dachsteine etwa um den Faktor 4 schlechter ab als Tonziegel. Wesentliche Quelle für diese Emission ist bei den Dachsteinen aus Beton die Zementherstellung, wobei hier die Werte von Anlage zu Anlage stark schwanken und im Rahmen dieser Studie von Annahmen ausgegangen wurde, die den Dachstein gegenüber dem Dachziegel tendenziell schlechter stellt.

Die durchgeführten Beitragsanalysen bestätigen die Richtungssicherheit der Ergebnisse insofern, als die Beiträge zu den jeweiligen Gesamtergebnissen in erwarteten Bereichen liegen. Im Rahmen einer Sensitivitätsrechnung wurden zusätzlich Kohlendioxidemissionen aus der Nutzung von Sekundärbrennstoffen bei der Zementherstellung mit bilanziert. Auch unter dieser Berechnung schneiden Dachsteine aus Beton wesentlich besser ab als Dachziegel aus Ton.

Insgesamt und unter Betrachtung der normierten und geordneten Wirkungsindikatorergebnisse kann aus Sicht des Öko-Instituts der Schluss gezogen werden, dass Dachsteine Dachziegeln aus Umweltsicht vorzuziehen sind.

11.3 Ökobilanzieller Vergleich von Pflasterklinkern und Betonsteinen[7]

Abbildung 66: Pflasterklinker

Die Stadtverwaltung Amsterdam ließ 2009 das niederländische Umweltingenieurbüro Tauw Group, Deventer prüfen, wie hoch die CO_2-Emissionen und der Ressourcenverbrauch bei der Verwendung unterschiedlicher Straßenbeläge sind. Die vergleichende Untersuchung sollte dabei keine Stufe der Wertschöpfungskette außer Acht lassen. So wurden die Produktion, die Verarbeitung, die Wartung, der Rückbau und die logistischen Prozesse bis hin zum Recycling betrachtet. Die grundlegende Fragestellung war dabei: Pflasterklinker oder Betonstein? Stein des Anstoßes war die Entscheidung, aus ästhetischen Gründen in der niederländischen Metropole Amsterdam Pflasterklinker in sämtlichen Tempo-30-Zonen einzusetzen. Das Ergebnis der Studie »Beoordeling Duurzaamheid Bestratingmateriaal« (Mai 2010) ist eindeutig. Wenn man eine Nutzungsdauer von 100 Jahren zugrunde legt, zeigt

7 Studie »Beoordeling Duurzaamheid Bestratingmateriaal«, Gemeente Amsterdam, Dienst Milieu en Bouwtoezicht; Mai 2010

sich, dass Pflasterklinker von allen untersuchten Belägen in Sachen CO_2-Emission und Ressourcenverbrauch das beste Ergebnis liefern. Laut den Autoren ist die hohe Lebensdauer der Pflasterklinker hauptursächlich für dieses Ergebnis. In der Studie wurde eine Nutzungsdauer der Pflasterklinker von 100 Jahren angesetzt und beim normalen Gebrauch mit einer 20-prozentigen Austauschrate in diesem Zeitraum gerechnet. Darüber hinaus tragen hohe Widerstandsfähigkeit und Farbechtheit dazu bei, dass Pflasterklinker wiederverwendet werden können, was sich wiederum positiv auf die Ökobilanz auswirkt.

Die technische Lebensdauer von Betonpflastern wird von den Autoren der Studie mit 40 Jahren angegeben. Danach müssen die Steine recycelt werden. Zusätzlich wirkt sich negativ auf die Ökobilanz aus, dass im Falle einer nach 20 Jahren nötigen Straßensanierung aufgrund des höheren Verschleißes und der mangelnden Farbechtheit deutlich weniger Steine wiederverwendet werden können. Dadurch sei die Austauschrate im Vergleich zu Pflasterklinkern dreimal höher. Die hohe Lebensdauer ist in diesem Fall also der ausschlaggebende Vorteil für das bessere Abschneiden der Pflasterklinker.

Betrachtet man die energieintensiven Brennprozesse, die für die Herstellung von Pflasterklinkern erforderlich sind, sollte man davon ausgehen, dass in Sachen CO_2-Emission die Betonpflaster die Nase vorn haben. Die hohen produktionsbezogenen CO_2-Emissionen bei der Herstellung von Pflasterklinkern wurden aber in der Bewertung der Fachleute relativiert, denn der hohe Energieverbrauch bei der Zementherstellung für die Produktion von Betonpflaster wurde ebenfalls einbezogen. Bei der ökobilanziellen Betrachtung zeigt sich schließlich, dass allein die Zementproduktion zu ca. 90 % der CO_2-Emissionen beiträgt.

Zusammenfassend kann festgehalten werden, dass die höhere graue Energie und das höhere Treibhauspotenzial von Pflasterklinkern durch die gute Wiederverwendbarkeit und die mehr als doppelt so hohe Lebensdauer (40 vs. 100 Jahre) mehr als aufgewogen werden. Die Verwendung von Pflasterklinkern bietet einen ökologischen Vorteil, wenn es auf Farbechtheit ankommt. Die bereits im Ton enthaltenen Farbpigmente lassen ein Auswaschen der Farben, etwa durch aggressives Salzwasser oder UV-Strahlung, gar nicht erst zu.

Durch eine vollständige Pflasterung mit Klinkern, berechneten die Autoren, ließen sich in Amsterdam potenziell 237.000 t CO_2 einsparen, was dem jährlichen CO_2-Ausstoß von etwa 26.000 Haushalten entspräche.

11.4 Energie- und Ressourceneffizienz in der Bauwirtschaft

Univ.-Prof. Dr.-Ing. Manfred Helmus
Dipl.-Ing. Selcuk Nisancioglu
Dipl.-Ing. (FH) Anne Christine Randel
Bergische Universität Wuppertal, Lehr- und Forschungsgebiet Baubetrieb und Bauwirtschaft

Neben der wirtschaftlichen und sozialen Relevanz kommt der Bauwirtschaft für die Realisierung einer nachhaltigen Entwicklung in Deutschland eine entscheidende Rolle zu. Baustoffauswahl, Energieverbrauch und Kosten sind eng aneinander gekoppelt und werden zunehmend in der Öffentlichkeit thematisiert. Während das Thema Energieeffizienz vor allem in der Nutzungsphase von Gebäuden einen hohen Stellenwert besitzt, spielen diese Aspekte beim Betrieb von Baustellen bislang eine untergeordnete Rolle.

Wenn heute vom nachhaltigen Bauen die Rede ist, steht immer die Nutzungsphase im Fokus. Der Bauwerkserstellung wird bisher keine Beachtung geschenkt. Durch die Umsetzung von Konzepten zur Steigerung der Energie- und Ressourceneffizienz während der Bauproduktion können auf Dauer Wettbewerbsvorteile, Kostenreduzierungen und eine Minimierung des Ressourcenverbrauchs und CO_2-Ausstoßes erzielt werden. Die größten Chancen liegen wie immer im proaktiven Handeln. Zu einer nachhaltigen Unternehmensstrategie, die sich bewusst den Herausforderungen der Zukunft stellt, gehört die Umsetzung eines Energie- und Ressourcenmanagements. Viele Bauunternehmen erfassen bereits im Rahmen ihrer Nachhaltigkeitsberichterstattung Energieverbräuche und CO_2-Emissionen, jedoch existiert noch kein detaillierter Überblick über das Geschehen auf Baustellen. Es gilt also, den Energie- und Ressourcenverbrauch der Bauunternehmung (Büro, Fuhrpark, etc.) und des eigentlichen Baubetriebs zu unterscheiden und zu erfassen. Dabei ergeben sich die größten Herausforderungen aus den Randbedingungen der Bauproduktion: Die Produktion in der Bauwirtschaft ist i.d.R. durch die entkoppelte Fertigung von Unikaten an wechselnden Standorten mit wechselnder Belegschaft unter freiem Himmel gekennzeichnet. Die große Herausforderung jedes Bauprojektes besteht somit in der Planung, Organisation und Koordinierung der vollständigen, temporären Produktionsinfrastruktur sowie der gesamten Produktionsmittel und Baustellenbelegschaft zur richtigen Zeit am richtigen Ort in der notwendigen Menge und Qualität. Dennoch zeigen Untersuchungen, die im Rahmen des von der Deutschen Bundestiftung Umwelt geförderten Forschungsprojektes durchgeführt wurden, dass die Erfassung, Reduzierung und Optimierung der Energieverbräuche systematisch möglich und vor allem lohnenswert ist [1].

Hintergrund

Der Rückgang der Baunachfrage sowie ausbleibende Investitionen öffentlicher, industrieller und privater Bauherren führten in der Vergangenheit zu einem schonungslosen Verdrängungswettbewerb um die Gunst der Kunden. Besonders vor dem Hintergrund des erheblichen Ressourcenverbrauches des Baugewerbes ist es im wieder einsetzenden Aufwärtstrend umso wichtiger, ein möglichst effizientes und nachhaltiges Management anzuwenden. Für Bauunternehmen sind geringe Herstellungskosten eine Grundvoraussetzung, um erfolgreich Projekte akquirieren zu können und dauerhaft konkurrenzfähig zu bleiben. Der durch die rückläufige Auftragslage entstandene Kostendruck im Bausektor führte in den letzten Jahren zu einer beinahe kontinuierlichen Steigerung der Arbeitsproduktivität (siehe Abbildung 67). Die Rohstoffproduktivität, betrachtet als das Verhältnis des Bruttoproduktionswertes zur verwerteten inländischen Rohstoffentnahme (Baumineralien), nahm bis zum Jahr 2004 um 11,8 Prozentpunkte ab, ab dem Jahr 2006 ist auch hier ein Anstieg der Produktivität zu beobachten, der allerdings nicht so signifikant ausfällt wie bei der Arbeitsproduktivität. Ähnliches gilt für die Energieproduktivität. Das Schrumpfen der Baubranche hat dazu geführt, dass der absolute Rohstoffverbrauch bis zum Jahr 2009 fast kontinuierlich gesunken ist. Dies führt bei gleichzeitig steigendem Bruttoproduktionswert in der Konsequenz zu einer höheren Produktivität.

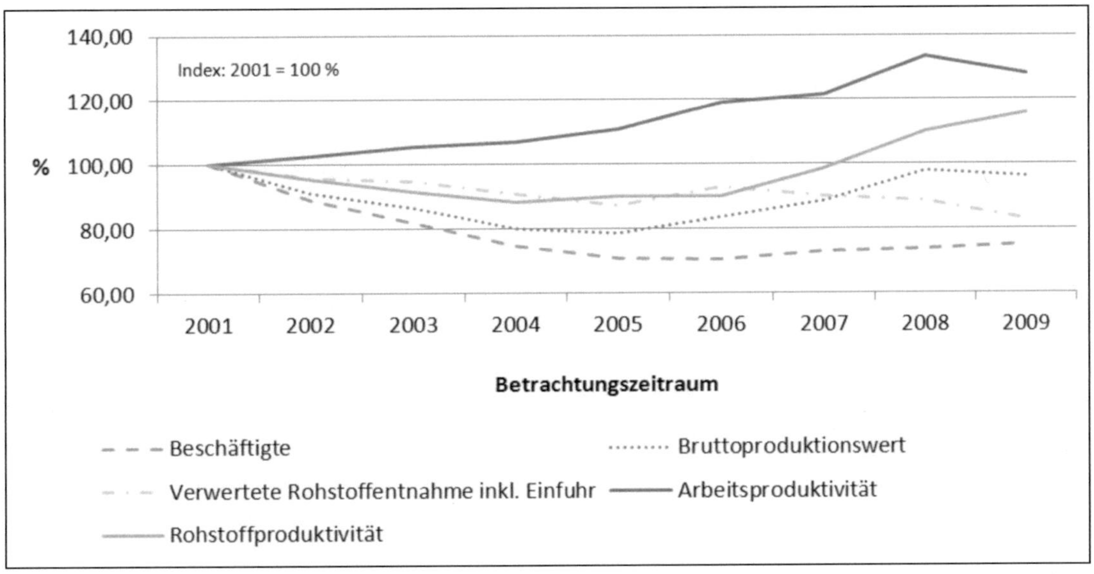

Abbildung 67: Energie- und Rohstoffproduktivität im Baugewerbe [2] [3] [4]

Für eine weitere Erhöhung der Ressourcenproduktivität spricht die in Zukunft steigende Nachfrage zur Erhaltung und Modernisierung des vorhandenen Bestandes an Wohn- und Nichtwohngebäuden. Sowohl beim Wohnungs-, als auch beim Nichtwohnungsbau ist das Bauvolumen (bezogen auf Bauleistungen an bestehenden Gebäuden) stark gestiegen. Im Wohnungsbau konnte im Zeitraum 2005–2011 ein Anstieg um 52 % verzeichnet werden. Im Nichtwohnungsbau fiel die Zunahme mit 54 % vergleichbar hoch aus [5]. Mit dem Rückgang des Neubaus von Gebäuden und Infrastrukturen wird auch der Ressourcenaufwand des Sektors »Bauarbeiten« langfristig weiter sinken und strukturbedingt zur Erhöhung der Ressourcenproduktivität beitragen. Ökologisch gesehen bedeutet ein Rückgang des Neubaus eine niedrigere Entnahme von natürlichen Ressourcen aus der Natur. Ökonomisch betrachtet wird die sektorale Bruttowertschöpfung immer weniger durch den Neubau, als vielmehr durch Umbau und Modernisierung erzeugt. Hier liegen die künftigen Chancen des mittelständischen Bauhandwerks [6]. Auch der erhebliche finanzielle Druck zwingt Bauunternehmen, in Zukunft Kosten zu reduzieren und die Wettbewerbsfähigkeit zu steigern. Die Integrierung von Aspekten der Energie- und Ressourceneffizienz über die gesamten Projektphasen hinweg ist dazu ein geeigneter Ansatz.

Ressourceneffizienz in der Bauwirtschaft

Die Steigerung der Ressourceneffizienz und die gleichzeitige Schonung natürlicher Ressourcen gehören zu den wichtigen Themen der Zukunft und stehen weit oben auf der politischen Agenda. Der Bausektor beansprucht nicht nur mineralische Rohstoffe, die aus heimischen Lagerstätten gewonnen werden, sondern auch strategisch wichtige Metalle (Iridium, Silber, Gallium), die in großen Umfang importiert werden müssen und zudem in ihrer Verfügbarkeit begrenzt sind. Gebäudebestand und umgebende Infrastruktur nehmen in Deutschland einen großen Teil der Ressourcen in Anspruch. Im Bauwesen wurden im Jahr 2008 ca. 580 Mio. t Kiese, Sande, gebrochene Natursteine und industrielle Nebenprodukte eingesetzt. Hinzu kommen jährlich rund 67 Mio. t an mineralischen Recycling-Baustoffen, ca. 28 Mio. t an Zement und große Metallmengen (allein 5,5 Mio. t an Baustahl) [7]. As-

pekte der Ressourcennutzung und -wiederverwendung sind demzufolge von besonderer Priorität. Die Bundesregierung verfolgt das Ziel, die Rohstoffproduktivität bis zum Jahr 2020 bezogen auf das Basisjahr 1994 zu verdoppeln. Langfristig soll sich die Steigerung der Ressourcenproduktivität an der Faktor-4-Vision orientieren (doppelter Wohlstand bei halbem Naturverbrauch). Im Rahmen des Deutschen Ressourceneffizienzprogramms (ProgRess), welches am 29.02.2012 von der Bundesregierung beschlossen wurde, wird insbesondere auf die Minimierung der Beeinträchtigung von Umweltmedien durch Rohstoffgewinnung und -verarbeitung Wert gelegt.
Um die gesetzten Ziele zu erreichen, ist eine Steigerung der Ressourcenproduktivität in der Bauwirtschaft unabdingbar. Durch einen effizienteren Einsatz von Ressourcen können nicht nur Umweltbelastungen reduziert, sondern auch wichtige Impulse hinsichtlich Wachstum und Beschäftigung ausgelöst werden. Ein geringerer Verbrauch von Ressourcen senkt die Produktionskosten und erhöht die Rohstoffsicherheit.
Insgesamt können fünf Basisstrategien zur Erhöhung der Ressourcenproduktivität benannt werden:

- Steigerung der Materialeffizienz
- Verlängerung der Lebensdauer bzw. Nutzungsdauer von Bauwerken
- Förderung der Kreislaufwirtschaft
- Abfallarme Produktionsprozesse
- Rohstoffsubstitution

Bezieht man die Basisstrategien zur Ressourceneffizienzsteigerung auf die Lebenszyklusphasen eines Bauwerkes, so kann im Bereich der Rohstoffgewinnung sowohl die vermehrte Nutzung nachwachsender Rohstoffe, als auch die Substitution von knappen Rohstoffen durch Rohstoffe, die eine höhere Reichweite aufweisen, als Ansatz in Betracht gezogen werden. Zu den Bauprodukten, die bereits auf Basis nachwachsender Rohstoffe hergestellt werden, zählen beispielsweise Naturdämmstoffe. Bezogen auf die Herstellung von Bauprodukten stehen Lebensdauerverlängerung und Produktinnovationen im Vordergrund. Aufgrund des hohen Stoffdurchsatzes in der Bauwirtschaft ist die Verlängerung der Lebens- oder Nutzungsdauer von Bauwerken durch verbesserte Materialeigenschaften (Reparaturfähigkeit) und Produktinnovationen (z.B. Leichtbau) hier richtungsweisend. Beispielhaft kann hier der Einsatz von Hohlkörpern in Stahlbetondecken zur Gewichtsreduzierung genannt werden. Durch das von der Cobiax Technologies GmbH entwickelte Verfahren kann die notwendige Betonmenge um 35 % und die Menge an Bewehrungsstahl um 20 % gesenkt werden [8]. Des Weiteren steckt in der Vermeidung von schwer trennbaren Verbindungen (Kompositmaterialien) weiteres Innovationspotenzial. Eine Prozessoptimierung der Gebäudeerstellung unter Ressourceneffizienzgesichtspunkten stellt, verglichen mit der stationären Industrie, eine komplexe Aufgabe dar, da zumeist Prototypen an wechselnden Standorten mit wechselnder Belegschaft produziert werden. Einen Ansatz liefert die Nutzung von Abbruch- und Rückbaumaterialien beim Neubau bzw. die lokale Aufbereitung und Sortierung mineralischer Rohstoffe bei Sanierungsmaßnahmen. Ebenso lassen sich durch die Vermeidung von Baumängeln und dem daraus resultierenden Reparaturbedarf Ressourcen und Kosten einsparen (Senkung der Ausschussquote). Bei der Gebäudenutzung, die zumeist unter Energieeffizienzaspekten betrachtet wird, werden übergeordnete Strukturen wie beispielsweise der demographische Wandel und daraus resultierende Nutzungskonzepte eine Rolle spielen. Außerdem hat die Lebens- und Nutzungsdauer von Gebäuden und Bauteilen Einfluss auf die Ressourcenproduktivität. Der Rückbau eines Gebäudes offenbart die Hemmnisse und Einschränkungen eines geschlossenen Material- bzw. Produktkreislaufes. Fehlende Materialidentifikationen und Problemstoffe erfordern technisch-ökonomische Lösungsansätze zur Behandlung von Baurestmassen.

Zweifellos besteht in den Lebenszyklusphasen Rohstoffgewinnung, Herstellung von Bauprodukten und Rückbau das größere Ressourceneffizienzpotenzial, da Ressourceninput bzw. -output vergleichsweise hoch sind. Gebäudeerstellung und -nutzung spielen eine untergeordnete Rolle, die, bezogen auf das Ressourceneffizienzpotenzial, auf den ersten Blick vernachlässigbar scheint. Andererseits liefert die Stoffstrombilanz der eingesetzten Baustoffe und -produkte zu Beginn des Lebenszyklus nicht zwangsläufig Aussagen zur ökologischen Bilanz des Gesamtgebäudes. Vielmehr muss das Gebäude als Gesamtkonstrukt angesehen werden und bedarf sowohl einer isolierten Betrachtung, als auch einer Kopplung an angrenzende Lebenszyklusphasen. Die Bauphase dient hierbei zur Zusammenführung von Bauprodukten zu Bauteilen, die wiederum abhängig von den Eigenschaften der verwendeten Baustoffe oder deren Kombination sind.

Energieeffizienz in der Bauwirtschaft

In der Bauwirtschaft sind Energiemanagementsysteme weitaus weniger verbreitet als in der stationären Industrie. Sind sie vorhanden, wird der Bauprozess nicht in die energetische Untersuchung mit einbezogen. Die Hemmnisstruktur ist nach wie vor unverändert. Es mangelt in erster Linie an Know-how, personellen Ressourcen und finanziellem Kapital für die Umsetzung von Energieeffizienzmaßnahmen [9]. Dabei setzen Energieeinsparmaßnahmen keine oder kaum Investitionen voraus und sind vergleichsweise einfach umzusetzen. Durch zahlreiche Prozessbeobachtungen und -auswertungen konnten Lösungsansätze herausgefiltert werden; prinzipiell liegen die Potenziale in den Bereichen Technik, Organisation und Personal [1].

Zu den eingesetzten Hauptenergieträgern des Baugewerbes gehören Mineralöle, Gase und elektrischer Strom. Mineralöle werden hauptsächlich in Form von Dieselkraftstoff für den Betrieb von Baumaschinen eingesetzt. Für die Beheizung der Baustellencontainer wird in der Regel Gas bzw. Strom benötigt. Zu den Hauptabnehmern von Strom gehört die Baustelleneinrichtung mit Baucontainern, Turmdrehkranen, Bauaufzügen und Beleuchtung. Mit einem Anteil von rund 83 % sind Mineralöle Hauptenergieträger, der Anteil des elektrischen Stroms ist in den letzten Jahren um 30 % gestiegen. Dies ist unter anderem der Zunahme an elektrisch betriebenen Informations- und Kommunikationstechnologien, wie Computern, Servern und Großrechnern, zuzuschreiben.

Die Rolle und Bedeutung der Energieeffizienz hängt unmittelbar mit dem Kostenanteil im Unternehmen zusammen. Allgemein gilt: Je höher die Kosten sind, desto höher ist auch die Bereitschaft, sich mit Themen wie Energieeinsparung und Ressourceneffizienz auseinanderzusetzen. Ein weiteres Indiz für das Bewusstsein ist das Vorhandensein von qualifiziertem Personal, welches sich mit Fragen der Nachhaltigkeit beschäftigt. Dies ist in Bauunternehmen selten der Fall. Für das Management energieverbrauchender Prozesse sind kaum Instrumente vorhanden, die eine Dokumentation, Kontrolle oder gar deren Steuerung erlauben. Hinsichtlich der Kalkulation fehlt eine systematische Kontrolle der gewählten Ansätze, die teilweise stark von den wirklichen Werten abweichen. Für die Planung des Geräteeinsatzes sind keine Möglichkeiten vorhanden, verschiedene Geräte oder Gerätegruppen energetisch zu vergleichen. Energieeinsparpotenziale durch angepasste Bauabläufe werden nicht ausgeschöpft. Eine Anpassung laufender Baustellenprozesse erfolgt wenn überhaupt nur dann, wenn die Bauleistungen stark vom Soll abweichen.

Um die Effizienz des Energieeinsatzes zu ermitteln und zu erhöhen, muss diese auf sämtlichen Ebenen eines Unternehmens erfasst und bewertet werden. Dies kann mit Hilfe eines Energiemanagements erfolgen. Dazu gehören mindestens der kostengünstige Einkauf und bewusste Einsatz von Energie, ein regelmäßiges Monitoring, d.h. eine Identifizierung weiterer Energieeinsparpotenziale und die Sensibilisierung und Schulung des betreffenden Personals. Bevor allerdings der Energieverbrauch und die -kosten mittels eines Managementsystems überwacht werden können, ist die Erfassung des Ist-

Zustandes im Unternehmen unabdingbar. Idealerweise kann so eine ausreichende Datengrundlage geschaffen und mit den erbrachten Leistungen verknüpft werden. Auf dieser Basis können Kalkulation und Arbeitsvorbereitung unterstützt und Bauprozesse mit einem geringeren Energieeinsatz ausgeführt werden.

Durch den Einsatz neuer Technologien in Baumaschinen kann die Energieeffizienz ebenfalls erhöht werden. Hierzu zählen beispielsweise Hybridmaschinen, die mit Energierückgewinnungssystemen ausgestattet sind. Außerdem unterstützt die Ausrüstung mit leistungsfähigen Bordcomputern das Auslesen des Kraftstoffverbrauchs und ermöglicht so die Identifizierung sparsamer Geräte. In diesem Zusammenhang muss noch hervorgehoben werden, dass es Bauunternehmen nicht möglich ist, Baumaschinen unterschiedlicher Hersteller miteinander zu vergleichen. Aus den im Forschungsprojekt ermittelten Verbrauchskennwerten der Geräte geht hervor, dass diese stark variieren. Daher kann auch die richtige Geräteauswahl den Energieverbrauch in Bauunternehmen maßgeblich reduzieren. Der Gesetzgeber ist in der Pflicht, die Angabe von Verbrauchskennwerten durch die Hersteller zu verlangen. Dazu ist eine einheitliche und genormte Verbrauchsermittlung erforderlich.

Die Einführung einer Kraftstoffverbrauchsdokumentation oder eines Monitorings gehört zu den Maßnahmen, die mittelfristig eine Erhöhung der Energieeffizienz zur Folge haben kann: Für die Kalkulation können gesicherte Kennwerte ermittelt werden, die auch bei Investitionsentscheidungen berücksichtigt werden können.

Ein weiterer positiver Effekt der Dokumentation ist die Sensibilisierung der Mitarbeiter für den effizienten Einsatz von Energie. Eine Verstärkung dieses Effekts kann durch das Involvieren der Mitarbeiter in die Dokumentation erreicht werden. Bereits eine Verhaltensanpassung der gewerblichen Mitarbeiter reicht aus, um effizienter zu wirtschaften. Prozessbeobachtungen zeigen, dass Baumaschineneinsätze hohe Stillstandszeiten aufweisen. Viele Prozesse verlangen längere Stillstandszeiten der Maschinen, wie zum Beispiel das Umschlagen von Baustoffen. Der Anteil der Stillstandszeiten eines Baggers an der Gesamtlaufzeit kann mit durchschnittlich 30 % angesetzt werden. Zwar entwickeln Maschinenbauer bereits kraftstoffeffizientere Baumaschinen, jedoch besteht hier nach Aussage vieler Maschinenführer noch weiterer Handlungsbedarf [1].

Normiertes Energiemanagement nach DIN ISO 50001

Die Grundlage eines betrieblichen Energiemanagementsystems bildet seit Dezember 2011 die DIN ISO 50001 [10]. In dieser Norm werden Anforderungen an Energiemanagementsysteme (EnMS) formuliert, welche Unternehmen in die Lage versetzt, durch Verbesserung der energiebezogenen Leistungen Treibhausgasemissionen, Umweltauswirkungen und Energiekosten zu reduzieren. Es basiert auf dem kontinuierlichen Verbesserungsprozess (PDCA-Zyklus) und soll das EnMS im Top-Management und gleichzeitig im operativen Tagesgeschäft integrieren. Ein weiterer wichtiger Aspekt ist die die Anpassungsfähigkeit und die somit gegebene Möglichkeit der Integration in bestehende Managementsysteme (Integriertes Managementsystem). Letztlich kann ein Unternehmen auf Grundlage der Norm zertifiziert werden.

Das Energiemanagement verfolgt das Ziel, »den gesamten Betriebsablauf, aber auch die einzelnen Prozesse und Anlagen effizienter zu gestalten bzw. zu betreiben und so über die Energiekosten zur Senkung der Betriebskosten zu gelangen« [11]. Zur Erreichung dieses Zieles stehen prinzipiell Maßnahmen in den Handlungsfeldern Technik, Organisation und Personal zur Verfügung.

Ausblick

Es ist absehbar, dass auch Bauunternehmen gesetzlich dazu verpflichtet werden, sich an Emissionsgrenzwerte zu halten. Für Großemittenten gilt dies seit Einführung des europäischen Emissionshandels bereits. Dieser könnte sich in Zukunft zur Erreichung ambitionierter Klimaziele auch auf andere Industriezweige, die bislang nicht zu den Großemittenten zählen, ausweiten. Doch ob nun gesetzlich verpflichtend oder nicht, die Energieeffizienz wird bei der Vergabe von Bauprojekten, neben der Leistungsfähigkeit und Zuverlässigkeit, immer wichtiger werden. Gelingt der Bauwirtschaft es nicht, die Produktion und den Betriebsablauf energieeffizient zu gestalten, schwinden zunächst die öffentliche Reputation und schließlich die Auftragsbestände.

Zukünftig ist zudem mit der Forderung nach einer Ökobilanzierung für Bauprojekte zu rechnen. In diesem Zusammenhang kann beispielsweise das CO_2-Zertifizierungssystem der niederländischen »Stichting Klimaatvriendelijk Aanbesteden & Ondernemen« (SKAO) genannt werden [12]. Hierbei erhalten Unternehmen bei der Auftragsvergabe Vorteile, wenn sie sich mit den eigenen CO_2-Emissionen auseinandersetzen und Konzepte vorweisen können, diese zu reduzieren. Die Unternehmen werden dabei in ein Zertifizierungsschema (CO_2 Performance Ladder) eingestuft. Insgesamt sind 6 Stufen von 0 bis 5 definiert, wobei die fünfte Stufe den höchsten Vergabevorteil bietet. Ein vergleichbares Anreizsystem existiert auch in Großbritannien. Hier stellt die Crossrail Ltd., die hauptsächlich für die Entwicklung des Schienenverkehrs im Großraum London verantwortlich ist, an die beteiligten Bauunternehmen bestimmte Anforderungen an den Umgang mit dem eigenen Energieverbrauch. Dazu zählen ein Monitoring des Energieverbrauchs, definierte Zielsetzungen zur Reduktion des Energieverbrauchs sowie die Entwicklung von Möglichkeiten zur Verbrauchsreduktion [13]. Auch im Hinblick auf das erwachende Verantwortungsbewusstsein der Auftraggeber und vor dem Hintergrund der Entwicklungen in den Niederlanden (SKAO) und UK (Crossrail) ist davon auszugehen, dass sich ähnliche Anreizsysteme mittelfristig auch in Deutschland durchsetzen werden.

In einer durch die Autoren in Zusammenarbeit mit dem Berufsförderungswerk der Bauindustrie NRW durchgeführten europaweiten Umfrage zur Energieeffizienz auf Baustellen prognostizierten bereits 72 % aller befragten Bauunternehmen eine zukünftig steigende Bedeutung der CO_2-optimierten Baustelle. Das Bewusstsein für die Relevanz der Thematik ist vorhanden, allerdings werden gleichzeitig Hemmnisse bei der Umsetzung von Energieeinsparmaßnahmen genannt. Das Haupthemmnis wird in zu langen Amortisationszeiten bei investiven Maßnahmen gesehen. Weitere wichtige Gründe sind fehlendes Personal und Zeitmangel, um sich dem Thema in angemessener Weise zu widmen.

Letztendlich müssen weitere Anreize für Bauunternehmen geschaffen werden, sich aktiv an der Schonung von Ressourcen zu beteiligen. Dies kann z.B. mit Hilfe von Vergabevorteilen, vergleichbar mit SKAO in den Niederlanden, realisiert werden. Denn nur wenn die Unternehmen auch einen wirtschaftlichen Vorteil erkennen, werden sie sich verstärkt auf die Reduzierung des Energie- und Ressourcenverbrauchs und damit des CO_2-Ausstoßes konzentrieren.

Literatur

[1] Helmus, M., Nisancioglu, S., Randel A. (Hrsg.) (2011): Entwicklung von Energiekonzepten zur Steigerung der Energieeffizienz und Reduzierung des CO_2-Ausstoßes auf Baustellen, Abschlussbericht Az: 25780-24/2, Deutsche Bundesstiftung Umwelt

[2] Statistisches Bundesamt (2012): Investitions- und Kostenstrukturerhebung im Baugewerbe, WZ 2003 bis zum Jahr 2007 (WZ-45)

[3] Statistisches Bundesamt (2011): Produzierendes Gewerbe – Kostenstruktur der Unternehmen im Baugewerbe, Fachserie 4, Reihe 5.3

[4] Statistisches Bundesamt (2011): Umweltnutzung und Wirtschaft, Tabellen zu den Umweltökonomischen Gesamtrechnungen, Teil 2: Energie, Rohstoffe, Ausgabe 2011

[5] Deutsches Institut für Wirtschaftsforschung (2012): Strukturdaten zur Produktion und Beschäftigung im Baugewerbe – Berechnungen für das Jahr 2011, BMVBS-Online-Publikation, Nr. 21/2012, Berlin

[6] Fraunhofer-Institut für System- und Innovationsforschung, Arthur D. Little GmbH, Wuppertal Institut für Klima, Umwelt, Energie (2005): Studie zur Konzeption eines Programms für die Steigerung der Materialeffizienz in mittelständischen Unternehmen, Abschlussbericht

[7] Bundesministerium für Umwelt, Naturschutz und Reaktorsicherheit (2012): Deutsches Ressourceneffizienzprogramm (ProgRess), Programm zur nachhaltigen Nutzung und zum Schutz der natürlichen Ressourcen, Beschluss des Bundeskabinetts vom 29.2.2012

[8] Cobiax Technologies GmbH (2012): Betondecken leicht gemacht, http://www.cobiax.ch/de/concept.html, Stand: 21.11.2012

[9] Prognos AG (2010): Rolle und Bedeutung von Energieeffizienz und Energiedienstleistungen in KMU, im Auftrag der KfW Bankengruppe

[10] DIN EN ISO 50001 - Energiemanagementsysteme – Anforderungen mit Anleitung zur Anwendung

[11] Schieferdecker, B. (Hrsg.) (2005): Energiemanagement-Tools, Springer Verlag, Berlin Heidelberg

[12] SKAO (2012): Taking care for less CO_2, http://www.skaol.nl, Stand: 24.05.12

[13] Atkearney (2011): Carbon Disclosure Project – Supply Chain Report 2011, https://www.cdproject.net/CDPResults/CDP-2011-Supply-Chain-Report.pdf, Stand: 12.08.2011

11.5 Fassadenbaustoffe im Vergleich: Ökobilanz von 10 Außenwandtypen[8]

Stefan Oehler, Hans Georg Reinke

Wie schneidet eine Außenwand mit WDVS im Vergleich zu einer monolithischen Außenwand oder einer Holzkonstruktion ab, wenn alle Alternativen den gleichen U-Wert aufweisen? Untersucht werden 10 verputzte Außenwandkonstruktionen mit Wanddicken von 30 bis 63 cm. Berechnet werden die graue Energie und die CO_2-Emission der Konstruktionen. Dabei wird die jeweilige Lebenserwartung der einzelnen Schichten berücksichtigt. Diese ökologische Bewertung beleuchtet über einen angenommenen Zeitraum von 50 Jahren den gesamten Lebenszyklus der Außenwand mit Produktion, Nutzung, Instandsetzung und End-of-Life, um Aussagen über die unterschiedlichen Wandtypen machen zu können.

Ökobilanz

Eine Ökobilanz ist eine systematische Analyse der Umweltwirkungen von Produkten während ihres Lebenswegs »from cradle to grave«. Zur Analyse gehören sämtliche Umweltwirkungen im Laufe der Produktion, der Nutzungsphase, der Entsorgung bzw. der Rezyklierung eines Produktes sowie die damit verbundenen vor- und nachgeschalteten Prozesse (z.B. Herstellung der Roh-, Hilfs- und Betriebsstoffe). Zu den Umweltwirkungen zählen sämtliche umweltrelevanten Entnahmen aus der Umwelt (z.B. Erze, Rohöl), die Emissionen (z.B. Abfälle, CO_2-Emissionen) und Recyclinggutschriften. Mögliche ökologische Risiken und Schwachstellen können so systematisch überprüft, Optimierungspotenziale aufgespürt werden. Alle Baustoffe eines Gebäudes werden massenmäßig erfasst und mit ihren Ökobilanz-Faktoren, z.B. aus der Bibliothek der Ökobau.dat, multipliziert. Die Aufsummierung aller Bauteilwerte ergibt die Ökobilanz des Gebäudes. Die Berechnung erfolgt pro Baustoff bzw. pro Bauteilschicht, indem die jeweilige Masse mit den Faktoren für Produktion, Instandhaltung und End-of-Life multipliziert und aufsummiert wird. Im Folgenden wird lediglich ein Quadratmeter Außenwand mit dem Ziel bilanziert, verschiedene Fassadenkonstruktionen zu vergleichen.

Ökologische Vergleichbarkeit

Möchte man Materialien ökologisch vergleichen, führt der Ansatz, einzelne Materialien pro Gewicht, pro Volumen oder Fläche zu bilanzieren, nicht weiter. Es lässt sich keine Positiv-Negativ-Checkliste mit guten oder schlechten Materialien aufstellen. Die Materialien sollten immer im Kontext ihrer spezifischen Leistungsfähigkeit untersucht werden. Will man beispielsweise eine Stütze aus Holz, Stahl oder Beton vergleichen, so ist als Maßstab nicht das Gewicht, sondern die gleiche Tragfähigkeit anzusetzen; es kommt besonders darauf an, welche Verkleidungen, Anschlüsse, Behandlungen oder Anstriche zusätzlich benötigt werden. Ein Holzfenster muss z.B. ökologisch nicht unbedingt besser abschneiden als ein Aluminiumfenster, denn das Holzfenster benötigt ca. alle 5 Jahre einen neuen Anstrich, hingegen verbucht das Alu-Fenster am Ende seines Lebens eine hohe Recycling-Gutschrift.

Zehn Alternative Außenwandsysteme

Ausgangspunkt der Untersuchung ist ein konkretes Gebäude mit vorgegebenem Tragwerk. Welche der aufgelisteten Wandkonstruktionen schneidet über 50 Jahre ökologisch am günstigsten ab? Der U-Wert aller Außenwände wird einheitlich mit 0,2 $W/(m^2K)$ vorgegeben und damit ergeben sich unterschiedliche Wandstärken. Die Stahlbetonstütze ist je nach Wandaufbau integriert oder raumseitig vor

8 Ursprünglich veröffentlicht in: Greenbuilding (2012), Nr. 4, S. 24–28

die Wand gestellt. Die jeweilige Menge an Stahl und Beton wird bei den Skelettkonstruktionen mit 10 % berücksichtigt. Die Wandstärke bei den Holzkonstruktionen fällt am geringsten aus, allerdings stehen dort die Stahlbeton-Stützen raumseitig vor der Wand.

Wandaufbau							Kennwerte			1) Produktionsphase		2) Instandsetzung				3) End of life		Summen Ökobilanz		
Innerste Schicht	1 m2 Aussenwand verputzt					Äußerste Schicht	U-Wert	Masse	Wandstärke	Primärenergiebedarf nicht erneuerbar	CO_2 Emission GWP 100	Mittlere Lebenserwartung	Ersatz in 50 Jahren	Primärenergiebedarf nicht erneuerbar	CO_2 Emission GWP 100	Primärenergiebedarf nicht erneuerbar	CO_2 Emission GWP 100	Primärenergiebedarf nicht erneuerbar	CO_2 Emission GWP 100	Vergleich CO_2 Emissionen
1a) Hochlochziegel mit Perlite Füllung, Lambda 0,07							kWh/m2 K	kg/m^2	cm	kWh/m^2	kg/m^2	Jahre	x	kWh/m^2	kg/m^2	kWh/m^2	kg/m^2	kWh/m^2	kg/m^2	%
Gipsputz	STB Rahmen =10%	gedämmter Hochlochziegel, Ausfachung =90%				Normalputz						45	1,11			St-Beton	St-Beton			
0,02 m	0,05 m	0,42 m				0,03 m	0,20		52							-11	-2			
20,00 kg/m^2	108,9 kg Beton/m^2	253,8 kg/m^2				40,50 kg/m^2		431					Normalputz	2	1					
Lebenserwartung	7,3 kg Beton/m^2									251	73			2	1	-11	-2	**242**	**71**	**172%**
≥ 50 Jahre	≥ 50 Jahre	≥ 50 Jahre				45 Jahre														
1b) Porenbetonsteine Lambda 0,1 + Wärmedämmputz WLG 060																				
Gipsputz	STB Rahmen =10%	Porenbetonstein, Ausfachung =90%				Putz WLG 060						45	1,11			St-Beton	St-Beton			
0,02 m	0,06 m	0,51 m				0,035 m	0,20		63							-14	-2			
20,00 kg/m^2	132,1 kg Beton/m^2	153,9 kg/m^2				47,25 kg/m^2		362					Putz WLG 060	2	1					
Lebenserwartung	8,9 kg Beton/m^2									303	129			2	1	-14	-2	**292**	**127**	**306%**
≥ 50 Jahre	≥ 50 Jahre	≥ 50 Jahre				45 Jahre														
1c) Hochlochziegel mit Steinwolle Füllung, Lambda 0,08																				
Gipsputz	STB Rahmen =10%	gedämmter Hochlochziegel, Ausfachung =90%				Normalputz						45	1,11			St-Beton	St-Beton			
0,02 m	0,05 m	0,46 m				0,03 m	0,20		56							-12	-2			
20,00 kg/m^2	118,2 kg Beton/m^2	275,4 kg/m^2				40,50 kg/m^2		462					Normalputz	2	1					
Lebenserwartung	8,0 kg Beton/m^2									248	80			2	1	-12	-2	**237**	**79**	**189%**
≥ 50 Jahre	≥ 50 Jahre	≥ 50 Jahre				45 Jahre														
1d) dreischichtiger Porenbeton Lambda 0,06																				
Gipsputz	STB Rahmen =10%	Porenbetonstein, Ausfachung =90%				Normalputz						45	1,11			St-Beton	St-Beton			
0,02 m	0,03 m	0,30 m				0,03 m	0,20		38							-8	-1			
20,00 kg/m^2	76,5 kg Beton/m^2	89,1 kg/m^2				40,50 kg/m^2		231					Normalputz	2	1					
Lebenserwartung	5,1 kg Beton/m^2									175	69			2	1	-8	-1	**169**	**68**	**165%**
≥ 50 Jahre	≥ 50 Jahre	≥ 50 Jahre				45 Jahre														
1e) Kalksandstein mit WDVS																St-Beton	St-Beton			
Gipsputz	KS Stein =90%	STB Rahmen =10%	EPS	WDVS mit Deckputz (Wert ohne Dämmung)								40	1,25			-4	-1			
0,02 m	0,14 m	0,02 m	0,16 m	0,03 m			0,20		36				EPS	20	2	-22	3			
20,00 kg/m^2	243,0 kg/m^2	34,8 kg Beton/m^2	3,2 kg/m^2	17,40 kg/m^2				321					WDVS	7	2	1	0			
Lebenserwartung		2,3 kg Stahl/m^2								199	55			27	5	-25	3	**201**	**63**	**151%**
≥ 50 Jahre	≥ 50 Jahre	≥ 50 Jahre	40 Jahre	40 Jahre																
2a) STB-Wand, Mineralwolle, hinterlüftet, verputzt																Min-Wolle	Min-Wolle			
Gipsputz	STB-Wand	Mineralwolle	Putzträgerplatte			Normalputz						45	1,11			0,5	0,2			
0,02 m	0,20 m	0,18 m	0,02 m			0,03 m	0,20		45				Putzträgerplatte	5	2	St-Beton	St-Beton			
20,00 kg/m^2	463,54 kg Beton/m^2	8,28 kg/m^2	26,00 kg/m^2			40,50 kg/m^2		590					Normalputz	2	1	-48	-8			
Lebenserwartung	31,20 kg Stahl/m^2									292	108			7	3	-48	-8	**251**	**103**	**247%**
≥ 50 Jahre	≥ 50 Jahre	≥ 50 Jahre	≥ 50 Jahre			45 Jahre										St-Beton	St-Beton			
2b) STB-Wand, WDVS, verputzt																-48	-8			
Gipsputz	STB-Wand	EPS	WDVS mit Deckputz (Wert ohne Dämmung)									40	1,25			WDVS	WDVS			
0,02 m	0,20 m	0,16 m	0,03 m				0,20		41				EPS	20	2	-22	3			
20,00 kg/m^2	463,54 kg Beton/m^2	3,20 kg/m^2	17,40 kg/m^2					535					WDVS System	7	2	1	0			
Lebenserwartung	31,20 kg Stahl/m^3									288	91			27	5	-70	-5	**246**	**91**	**218%**
≥ 50 Jahre	≥ 50 Jahre	40 Jahre	40 Jahre																	
3a) Holztafelbau, Mineralwolle, hinterlüftet, verputzt																0,4	0,2			
												45	1,11			-49	5			
STB-Stütze	Gipsputz	OSB Platte	Mineralwolle	MDF 250kg/m^3	Putzträgerplatte	Normalputz										-27	2			
0,08 m	0,010 m	0,015 m	0,140 m	0,020 m	0,02 m	0,03 m	0,20		32				Putzträgerplatte	5	2	St-Beton	St-Beton			
185,42 kg Beton/m^2	10,00 kg/m^2	9,29 kg/m^2	6,44 kg/m^2	5,00 kg/m^2	26,00 kg/m^2	40,50 kg/m^2		295					Normalputz	2	1	-19	-3			
12,48 kg Stahl/m^2										202	48			7	3	-95	4	**114**	**54**	**131%**
≥ 50 Jahre	≥ 50 Jahre	≥ 50 Jahre	≥ 50 Jahre	≥ 50 Jahre	≥ 50 Jahre	45 Jahre														
3b) Holztafelbau, Steinwolle, verputzt																0,3	0,1			
												45	1,11			-24	2			
STB-Stütze	Gipskartonplatte	OSB Platte	Steinwolle	Putzträgerplatte		Normalputz										-49	5			
0,08 m	0,013 m	0,015 m	0,140 m	0,02 m		0,03 m	0,20		30				Putzträgerplatte	5	2	St-Beton	St-Beton			
185,42 kg Beton/m^2	10,00 kg/m^2	9,29 kg/m^2	4,48 kg/m^2	26,00 kg/m^2		40,50 kg/m^2		288					Normalputz	2	1	-19	-3			
12,48 kg Stahl/m^2										181	45			7	3	-92	4	**96**	**52**	**125%**
≥ 50 Jahre	≥ 50 Jahre	≥ 50 Jahre	≥ 50 Jahre	≥ 50 Jahre		45 Jahre														
3c) Holztafelbau, Zellulosefaser-Dämmung, verputzt																-42,8	2,8			
												45	1,11			-27	2			
STB-Stütze	Gipskartonplatte	OSB Platte	Zellulosefaser	MDF 250kg/m^3	Putzträgerplatte	Normalputz										-49	5			
0,08 m	0,013 m	0,015 m	0,150 m	0,020 m	0,02 m	0,03 m	0,20		33				Putzträgerplatte	5	2	St-Beton	St-Beton			
185,42 kg Beton/m^2	10,00 kg/m^2	9,29 kg/m^2	6,75 kg/m^2	5,00 kg/m^2	26,00 kg/m^2	40,50 kg/m^2		295					Normalputz	2	1	-19	-3			
12,48 kg Stahl/m^2										189	32			7	3	-138	7	**58**	**42**	**100%**
≥ 50 Jahre	≥ 50 Jahre	≥ 50 Jahre	≥ 50 Jahre	≥ 50 Jahre	≥ 50 Jahre	45 Jahre														

Abbildung 68: Ökobilanz verschiedener Wandkonstruktionen

1. Produktionsphase
Die einzelnen Schichten werden jeweils mit dem dazugehörigen Wert aus der Datenbank des BMBVS (ökobau.dat) multipliziert, sodass sich Gesamtgewicht, Global Warming Potential 100 (GWP100, Beitrag zum Treibhauseffekt über 100 Jahre) und Primärenergiebedarf nicht erneuerbarer Energieträger für die Produktionsphase ergeben.

2. Instandsetzung
Jede einzelne Schicht besitzt ihre eigene Lebensdauer. Quelle: »BNB Nutzungsdauern von Bauteilen 2011-11-03«. Die Schichten mit einer kleineren Lebensdauer als 50 Jahre müssen ausgetauscht werden, sodass ein Instandsetzungsfaktor (50 Jahre/Nutzungsdauer) mit dem GWP100 und dem Primärenergiebedarf Produktionsphase multipliziert wird. PE-Folien besitzen beispielsweise eine Nutzungsdauer von 40 Jahren. Das bedeutet, dass nach 40 Jahren alle Schichten bis zur PE-Folie ausgebaut oder abgerissen werden müssten, um die PE-Folie auszutauschen. Daher ist es für eine Ökobilanz von Bedeutung, ob solch eine PE-Folie benötigt wird oder nicht. Ein WDVS hat eine rechnerische Lebenserwartung von 40 Jahren, Ziegelsteine, Beton und Holzkonstruktionen weisen mindestens 50 Jahre auf. Die Nachhaltigkeit von Konstruktionen hängt somit entscheidend von einer möglichst langen Lebensdauer aller Schichten ab.

3. End-of-Life
Alle Schichten werden mit ihren End-of-Life-Faktoren multipliziert, um Effekte aus Verbrennung, Deponierung oder Recycling zu berücksichtigen. Hier kann es zu negativen Werten kommen, die auf eine Gutschrift z.B. in Form von Wärmegewinnen bei der Verbrennung oder beim Rezyklieren hinweisen. Bei der Verbrennung oder Verrottung von Holz wird die Menge an CO_2 frei gesetzt, die während seines Wachstumsprozesses absorbiert wurde. EPS oder Holz erzeugen hohe Wärmegewinne bei ihrer Verbrennung, Stahlbeton oder Aluminium erhalten hohe Recycling-Gutschriften.

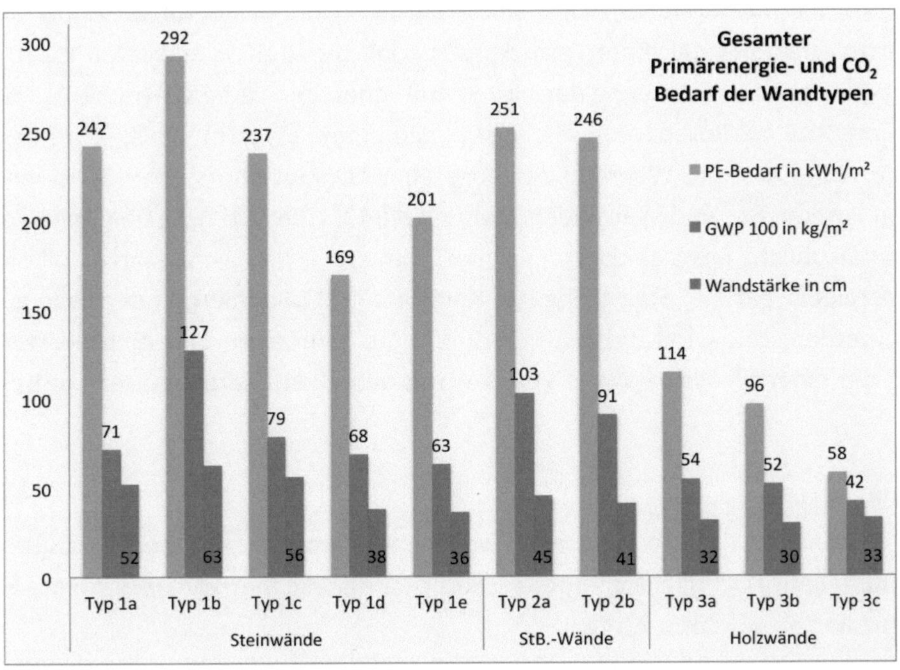

Abbildung 69: Primärenergiebedarf, CO_2-Emission und Wandstärken für die 10 verschiedenen Wandkonstruktionen

Ökobilanz

Die Summe aus diesen drei Zuständen Produktionsphase, Instandsetzung und End-of-Life ergibt die Gesamtbewertung der jeweiligen Fassadenkonstruktion für die nicht erneuerbare Primärenergie und das GWP100. Als weiteres Vergleichskriterium ist bei gleichem U-Wert die Gesamtstärke der jeweiligen Wandkonstruktion angegeben.

Ergebnis »Nicht erneuerbarer Primärenergiebedarf«

Die Gruppe Holz schneidet vor allem deswegen am günstigsten ab, weil Holz als nachwachsender Rohstoff geringe Produktionsenergie erfordert und am End-of-Life bei seiner Verbrennung die größte Energiegutschrift erhält. Die Porenbetonwand 1b benötigt fünfmal so viel Energie wie die Holztafelwand 3c.

Ergebnis GWP100 (CO_2-Emission)

Der GWP100 Wert wird im Wesentlichen durch die Produktionsphase definiert. Hier macht sich bemerkbar, dass Holzwerkstoffe als annähernd CO_2-neutral einzustufen sind, hingegen Steine und Stahlbeton durch Brennvorgänge oder das Schäumen von Zuschlägen sehr viel CO_2 freisetzen. Der Unterschied zwischen der günstigsten Holztafelwand 3c und der ungünstigsten Porenbetonwand 1b beträgt das Dreifache. Relativ günstig schneidet die massive Wand aus dreischichtigem Porenbeton 1d ab, sie emittiert die 1,7-fache Menge der Holztafelwand 3c und weist nur 5 cm mehr Wandstärke auf.

Optimale Dämmstärke

Mit Hilfe von Ökobilanzen wird argumentiert, dass ab einer bestimmten Dämmstärke das Verhältnis von Herstellungsenergie zu eingesparter Heizenergie in keinem vernünftigen Verhältnis mehr stünde. Dämmung ist der einzige Baustoff in dieser Diskussion, bei dem sich die Herstellungsenergie amortisieren soll. Niemand würde auf die Idee kommen, die Herstellungsenergie einer Betondecke für zu hoch einzustufen (obwohl man auch hier mit einer Leichtkonstruktion bis zu 40 % einsparen kann). Der Anteil der Dämmung an der Herstellungsenergie der einzelnen Wandtypen variiert zwischen 13 % bei Zellulosefaser (Typ 3c) und 84 % bei Porenbeton mit Wärmedämmputz (Typ 1b). Noch extremer wird der Unterschied bei der CO_2-Emission. Während Zellulose eine CO_2-Gutschrift von −11 % verzeichnet, liegt der Anteil von Porenbeton und Wärmedämmputz bei 84 %. Die optimale Dämmstärke lässt sich also alleine aus der Ökobilanz nicht ableiten. Für die Optimierung der Dämmstärke sollten vor allem Qualitäten wie Energieeinsparung, Steigerung des Komforts und Minimierung der Lebenszykluskosten berücksichtigt werden. Das wirtschaftliche Optimum aus Baukosten und eingesparter Energie liegt beispielsweise bei einer KS-WDVS-Wand (Typ 1e) mit aktuellen Energiepreisen im Bereich von 160 bis 300 mm.

Ausblick auf weitere Arbeiten

Auf der Grundlage der hier behandelten Außenwandtypen werden Studien von typischen Gebäudekonfigurationen mit Fensteranteilen, Dachflächen, Innenausbau etc. erstellt, um konkrete Empfehlungen an Architekten und Bauherren geben zu können.

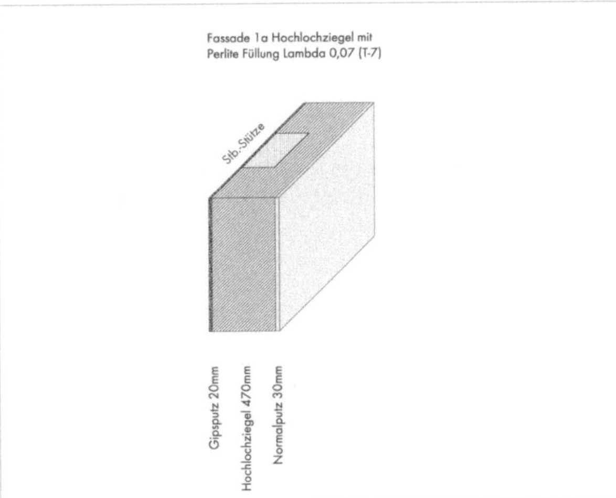

Abbildung 70: Hochlochziegel mit Perlite Füllung, Gesamtstärke 52 cm

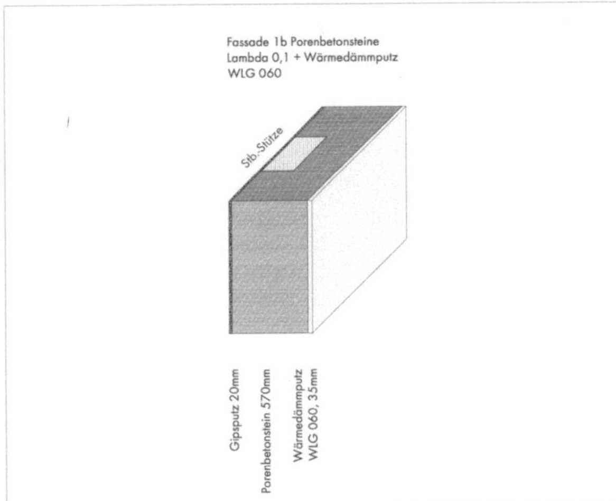

Abbildung 71: Porenbeton mit Wärmedämmputz, Gesamtstärke 63 cm

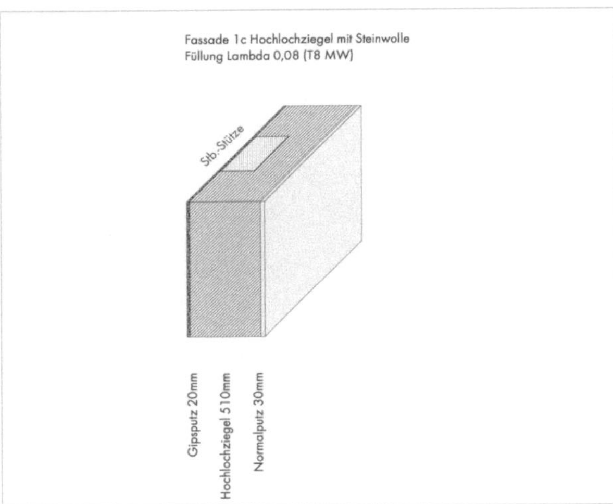

Abbildung 72: Hochlochziegel mit Steinwolle Füllung, Gesamtstärke 56 cm

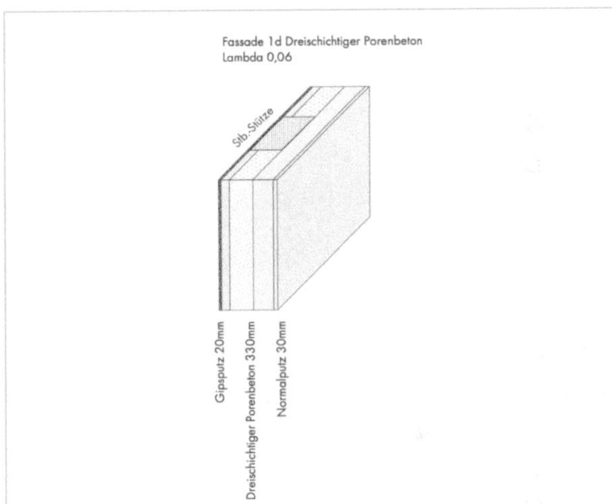

Abbildung 73: Dreischichtiger Porenbeton mit unterschiedlicher Porosität, Gesamtstärke 38 cm

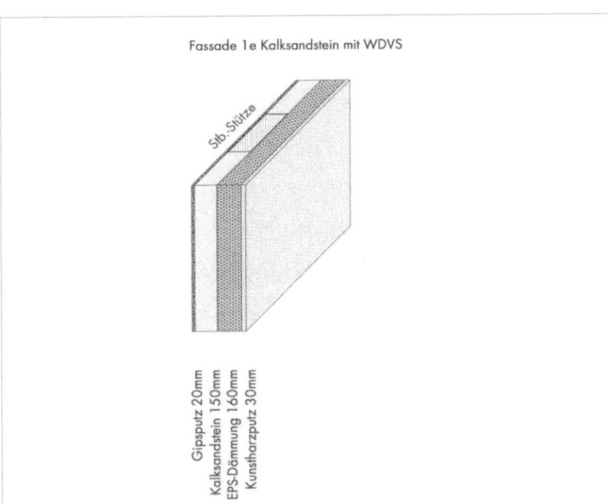

Abbildung 74: Kalksandstein mit WDVS, Gesamtstärke 36 cm

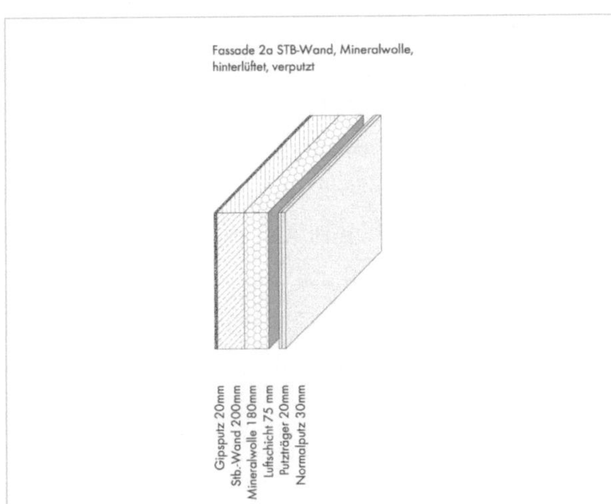

Abbildung 75: St-Beton-Wand mit Mineralwolle, hinterlüftet, verputzt, Gesamtstärke 53 cm

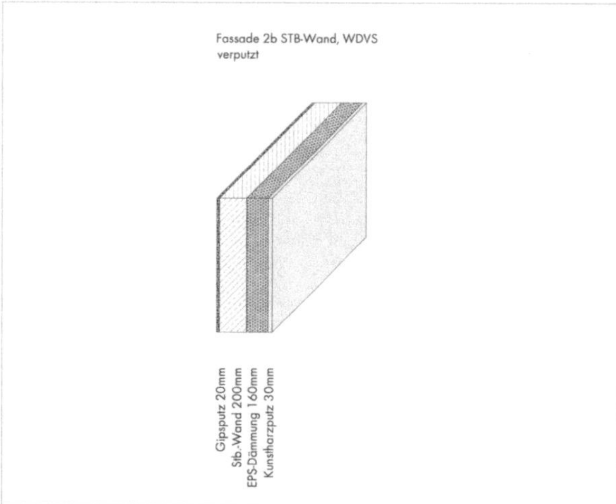

Abbildung 76: St-Beton-Wand mit EPS-WDVS, Gesamtstärke 41 cm

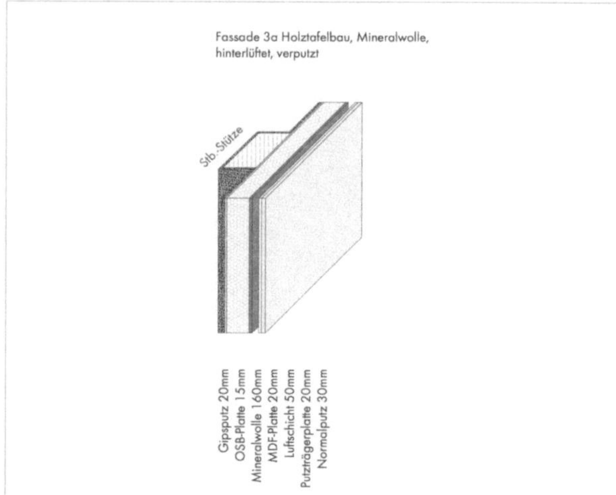

Abbildung 77: Holztafelwand mit Mineralwolle, hinterlüftet, verputzt, Gesamtstärke 37 cm

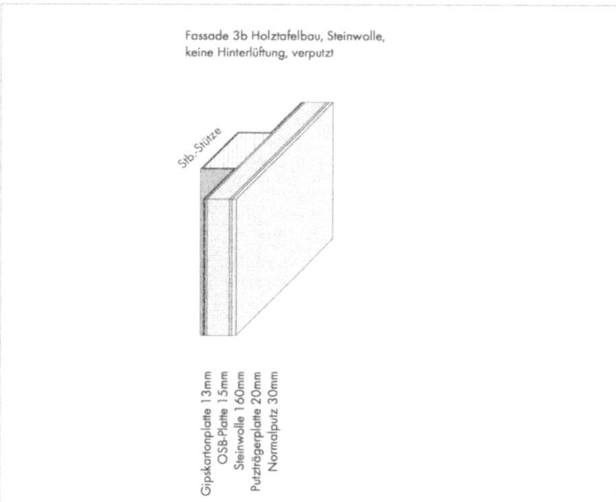

Abbildung 78: Holztafelwand mit Steinwolle, verputzt, Gesamtstärke 30 cm

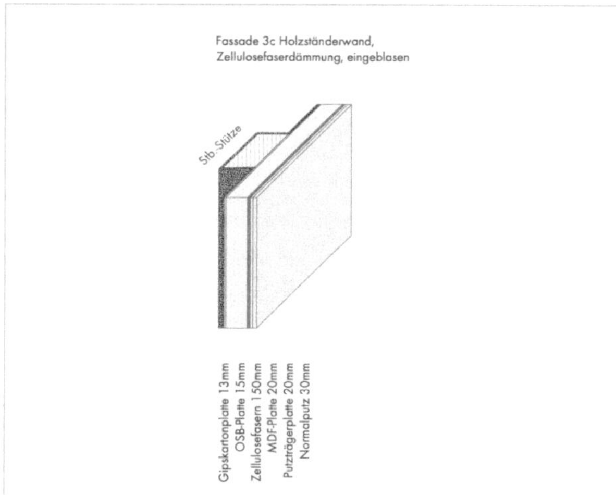

Abbildung 79: Holztafelwand mit eingeblasener Zellulosedämmung, verputzt, Gesamtstärke 33 cm

Literatur

Die Berechnungen stützen sich nur auf die Environmental Product Declarations (EPD), die vom BMVBS in der ökobau.dat, vom Institut Bauen und Umwelt und von PE International veröffentlicht wurden, um der Gefahr zu begegnen, unterschiedliche Randbedingungen oder Rechenwerte zu vergleichen. Gleichwohl gibt es bei den Datenbanken noch Lücken und Unsicherheit.

- DIN EN ISO 14040:2006-10: Umweltmanagement – Ökobilanz – Grundsätze und Rahmenbedingungen. Berlin: Beuth Verlag
- Bundesministerium für Verkehr, Bau- und Wohnungswesen (Hrsg.) (2011): Leitfaden Nachhaltiges Bauen. Eigenverlag
- Kreißig, J., Binder, M. (2007): Methodische Grundlagen – Ökobilanzbasierte Umweltindikatoren im Bauwesen. AZ 10.06.03–06.119.
- Streit, B. (1991): Lexikon Ökotoxikologie. Weinheim: VCH Verlagsgesellschaft
- Walletschek, H., Graw, J. (Hrsg.) (1995): Öko-Lexikon. München: C.H. Beck

- Bundesinstitut für Bau-, Stadt- und Raumforschung (BBSR): Nutzungsdauern von Bauteilen zur Lebenszyklusanalyse nach BNB 2011. URL: http://www.nachhaltigesbauen.de/de/baustoff-und-gebaeudedaten/nutzungsdauern-von-bauteilen.html [27.09.2012]
- Braungart, M., McDonough, W. (2005): Cradle to cradle. London: Bloomsbury

12 Exkurs: Datenbank

Zur Ermittlung der Umweltwirkung von Bauwerken, vor allem der grauen Energie, werden Kennzahlen benötigt. Die Menge an grauer Energie pro Massen oder Flächen sowie die Höhe des Treibhaus- und Versauerungspotenzials sind nur einige von vielen Indikatoren, die über Umweltqualität eines Gebäudes Auskunft geben. In Kapitel 2 wurde bereits angedeutet, dass es eine Reihe von Datenbanken gibt, die teilweise Auskunft zu den Umweltfaktoren liefern. An dieser Stelle soll jedoch eine besondere Datenbank vorgestellt werden: die Baustoffdatenbank auf *www.gutebaustoffe.de*.

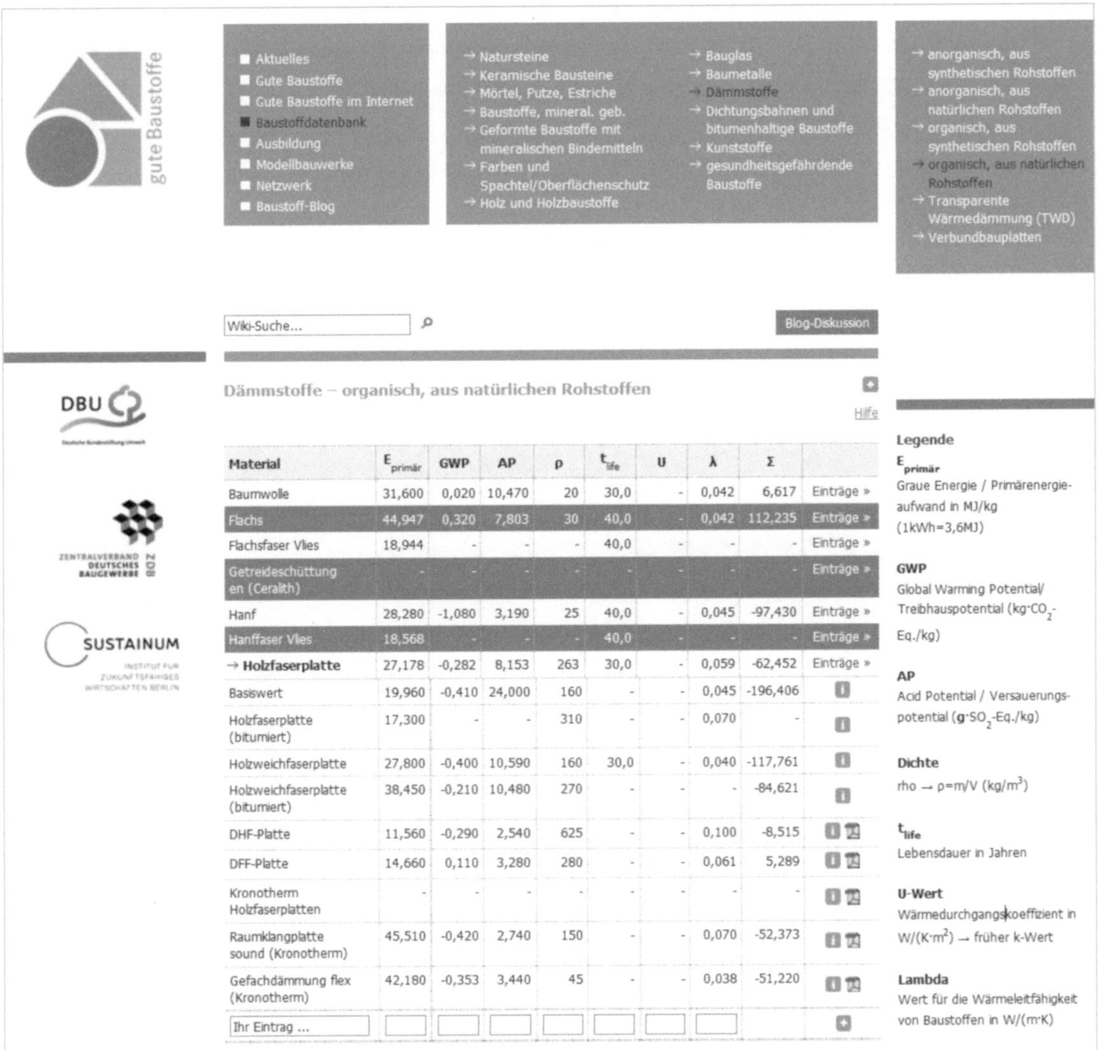

Material	$E_{primär}$	GWP	AP	ρ	t_{life}	U	λ	Σ	
Baumwolle	31,600	0,020	10,470	20	30,0	-	0,042	6,617	Einträge »
Flachs	44,947	0,320	7,803	30	40,0	-	0,042	112,235	Einträge »
Flachsfaser Vlies	18,944	-	-	-	40,0	-	-	-	Einträge »
Getreideschüttungen (Ceralith)	-	-	-	-	-	-	-	-	Einträge »
Hanf	28,280	-1,080	3,190	25	40,0	-	0,045	-97,430	Einträge »
Hanffaser Vlies	18,568	-	-	-	40,0	-	-	-	Einträge »
→ **Holzfaserplatte**	27,178	-0,282	8,153	263	30,0	-	0,059	-62,452	Einträge »
Basiswert	19,960	-0,410	24,000	160	-	-	0,045	-196,406	
Holzfaserplatte (bitumiert)	17,300	-	-	310	-	-	0,070	-	
Holzweichfaserplatte	27,800	-0,400	10,590	160	30,0	-	0,040	-117,761	
Holzweichfaserplatte (bitumiert)	38,450	-0,210	10,480	270	-	-	-	-84,621	
DHF-Platte	11,560	-0,290	2,540	625	-	-	0,100	-8,515	
DFF-Platte	14,660	0,110	3,280	280	-	-	0,061	5,289	
Kronotherm Holzfaserplatten	-	-	-	-	-	-	-	-	
Raumklangplatte sound (Kronotherm)	45,510	-0,420	2,740	150	-	-	0,070	-52,373	
Gefachdämmung flex (Kronotherm)	42,180	-0,353	3,440	45	-	-	0,038	-51,220	

Abbildung 80: Ausschnitt aus der Baustoffdatenbank auf *www.gutebaustoffe.de*

Das Besondere an der Baustoffdatenbank auf *www.gutebaustoffe.de* ist ihr Web 2.0-Charakter. Das bedeutet, dass Nutzer Einträge zu dieser Datenbank hinzufügen oder ggf. korrigieren können. In der Datenbank, die durch ihre Schlichtheit und Übersichtlichkeit besticht, können Angaben zum Primärenergiegehalt von Baustoffen, zum Treibhauspotenzial und zum Versauerungspotenzial abgerufen und von engagierten Nutzern hinzugefügt werden. Darüber hinaus finden sich dort weitere Kennzahlen, die für die Berechnung der Umweltwirkung oder bauphysikalischer Parameter wichtig sind: die Dichte des Bauproduktes, seine Wärmeleitfähigkeit Lambda und, falls verfügbar, der Wärmedurchgangskoeffizient (U-Wert).

Für eine ganze Reihe von Produkten sind zudem sogenannte Profilblätter in Form von PDF-Dateien in der Datenbank zu finden. In diesen werden übersichtlich auf einer Seite Produktbesonderheiten, Anwendungsbereiche, Lieferform und Kontaktmöglichkeiten zu Herstellern oder Händlern dargestellt. Kern der Profilblätter ist eine Tabelle mit den Materialeigenschaften. Diese werden produktspezifisch zusammengestellt, enthalten aber immer Angaben zu den ökologisch relevanten Parametern (Primärenergiegehalt, Treibhaus-, Versauerungs- und Ozonabbaupotenzial). Für einige Bauprodukte stellt die Datenbank auch die aktuellen EPDs (Environmental Product Declarations = Umwelt-Produktdeklarationen) zum Download bereit.

Die Datenbank auf *www.gutebaustoffe.de* stellt somit eine übergreifende Plattform für die Bewertung der Umweltwirkung diverser Baustoffe dar. Sollte ein Baustoff nicht abgelegt sein, ist dies kein Problem, da die Nutzer jederzeit neue Einträge empfehlen können. So kann die Datenbank kontinuierlich erweitert, verbessert und an Nutzerinteressen angepasst werden.

© Kronotherm Holzfaserdämmung, sound

Besonderheiten:

- Umweltdeklaration des Produktes

Anwendungsbereiche:

- Raumklangplatte

Material-Eigenschaften	
Rohstoff	Holzfasern, Bindefasern
Primärenergiegehalt	6.826 MJ pro m³
Wärmeleitfähigkeit	0,07 W/(m*K)
Wasserdampf-Diffusionswiderstand	µ=
Wärmespeicherkapazität c	2100
Brandschutzklasse	B2
Verarbeitungsdichte	150 kg/m³
Treibhauspotential	-62,8 kg CO2-Äqv.pro m³
Ozonschicht Abbaupotential	0,00000423 kg R11-Äqv. pro m³
Versauerungspotential (AP)	0,411 kg SO2-Äqv. pro m³

Lieferform: Dicke 5, Länge 800 Breite 675mm
Das Material ist bauaufsichtlich zugelassen.

Vertrieb/Hersteller:

Kronoply GmbH
Wittstocker Chaussee 1
16909 Heiligengrabe

Tel. 033962/69-740
Email: sales@kronoply.de
www.kronoply.de

Abbildung 81: Beispiel eines Profilblattes in der Baustoffdatenbank auf *www.gutebaustoffe.de*

13 Modellbauwerke

Wie bereits in Kapitel 1 beschrieben, ist es kaum möglich, pauschale Vorgaben zur Reduzierung der grauen Energie eines Bauwerks zu machen. Zwar gibt es mit den ISO-Normen der 14000er Reihe entsprechende Werkzeuge zur Ermittlung der Umweltwirkung. Doch sind diese (noch) nicht passend auf den Gebäudebereich zugeschnitten. Die Methodik der Datenerfassung und der Berechnung ist recht kompliziert, sehr zeitaufwendig und fehlerbehaftet umzusetzen, die Ergebnissicherheit ist dadurch eingeschränkt. Zu unterschiedlich sind die Randbedingungen, die es zu beachten gilt. So lange es keine angepasste und aktuelle DIN oder ISO zur Berechnung der grauen Energie und des Treibhauspotenzials gibt, müssen für jedes Bauwerk plausible Annahmen bei der Berechnung dieser beiden Umwelteinflussgrößen gemacht werden. Dabei gilt es eine Reihe von Prämissen zu beachten. Sofern vorhanden, sollten für die Erfassung der grauen Energie und des Treibhauspotenzials EPDs (Environmental Product Declaration EPD; Umwelt-Produktdeklarationen) verwendet werden. Sind diese nicht vorhanden, sollte man auf Datenbanken wie die Baustoffdatenbank auf *www.gutebaustoffe.de* zurückgreifen. Dabei muss klar sein, dass es durch die Verwendung verschiedener Datenquellen und unterschiedlich definierter Systemgrenzen zu Unschärfen in der Ermittlung und der Vergleichbarkeit der Umweltwirkung von Gebäuden kommen kann. Derzeit ist es kaum möglich, exakte und vergleichbare Bilanzierungen der Umweltwirkungen von Bauwerken zu erstellen.
Man kann sich aber der vergleichenden Bilanzierung annähern. Dabei ist es wichtig, darzustellen, auf welcher Datenbasis die Umweltwirkung ermittelt wurde und welche Systemgrenzen dabei gezogen wurden.
Bei der Darstellung der Modellbauwerke in diesem Kapitel haben wir darauf Wert gelegt, die relevanten Daten möglichst einheitlich und übersichtlich in Form eines »Einseiters« (Profilblatt) darzustellen. Infolge der oben beschriebenen Schwierigkeiten der vergleichenden Darstellung kann die vorgegebene Tabelle nicht differenziert genug sein, um eindeutige und vergleichbare Werte darstellen zu können. Dies würde den Darstellungsrahmen sprengen. Für die nachfolgend vorgestellten Modellprojekte gelten die anschließend beschriebenen Annahmen und Voraussetzungen.

13.1 Ermittlung des Gesamtenergiebedarfs

Unter dem Gesamtenergiebedarf wird die Summe aus grauer Energie, Primärenergieaufwand für den Strombedarf und der Primärenergiebedarf für Heizung und Warmwasser verstanden; normiert auf einen Quadratmeter und Jahr (entsprechend muss die Lebensdauer des Bauwerks bekannt sein oder nachvollziehbar abgeschätzt werden).

13.2 Ermittlung der grauen Energie

Die Berechnung der grauen Energie des Bauwerks erfolgt **wie in Kapitel 2** beschrieben. Das heißt, die graue Energie eines Gebäudes entspricht der Summe der entsprechenden Werte aller Bauteile, also auch jener, die nach Ablauf der jeweiligen Nutzungsdauer als Ersatz hinzukommen. Ebenso ist der Aufwand für den Rückbau des Gebäudes zur grauen Energie zuzurechnen.

13.3 Normierung der grauen Energie

Um die Vergleichbarkeit der Werte der grauen Energie zwischen verschiedenen Bauwerken zu gewährleisten, ist es zwingend notwendig die Werte zu normieren. Dabei wird zum einen aufgrund der unterschiedlichen Größe von Gebäuden auf die Gebäudenutzfläche A_N (laut EnEV) normiert. Dieser Rechenschritt ist relativ einfach zu vollführen, ist die Bruttogeschossfläche doch bekannt und konstant.

Zum anderen ist auf die Zeit (Lebensdauer) zu normieren. Wenn ein Haus beispielsweise eine Lebenserwartung von 50 Jahren hat, muss die gesamte graue (also in den Baustoffen gebundene) Energie auf diese 50 Jahre verteilt werden. Ein Haus mit einer Lebenserwartung von 80 Jahren hätte bei gleicher absoluter grauer Energie (und Fläche) natürlich eine spezifisch geringere graue Energie. Sollten einzelne Bauteile eine geringere Nutzungsdauer als das Gesamtbauwerk aufweisen (z.B. Wand- und Bodenbeläge, Installationen, Fenster und Türen), gehen diese Bauteile entsprechend öfter in die Bilanzierung ein. Wie dem Beitrag von Prof. Rudolphi zu entnehmen ist, wurde aufgrund der internationalen Vergleichbarkeit die sogenannte »reference period« auf 50 Jahre festgelegt. Sollte von diesem Referenzwert abgewichen werden, ist darzustellen, worin sich diese Abweichung begründet und mit welcher Lebensdauer bilanziert wird.

13.4 Ermittlung des Strombedarfs

Der Strombedarf bezieht sich in der Regel auf die benötigte (elektrische) Energiemenge für die Wärme- und ggf. Kälteerzeugung, also den Betrieb der Haustechnikanlage für die Erzeugung von Heizwärme und Warmwasser sowie den Betrieb der Lüftungsanlage und der Klimatisierung bezogen auf die Gebäudenutzfläche A_N laut EnEV.

Der Haushaltsstrom kann in der Regel nicht berechnet werden, da er sehr abhängig vom Nutzerverhalten und den verwendeten Geräten ist.

13.5 Ermittlung des Heizenergie- und Warmwasserbedarfs

Je nach verwendetem Heizsystem werden Primärenergieaufwendungen in Anrechnung gebracht, die nicht aus erneuerbaren Energiequellen stammen. Aufwendungen für die Nutzung von erneuerbaren Quellen, bei denen Strom eingesetzt wird (z.B. elektrische Wärmepumpen) werden bei der Ermittlung des Strombedarfs berücksichtigt.

Für gewöhnlich wird der Warmwasserbedarf laut EnEV immer mit 12,5 kWh/m^{2}a angesetzt. Dieser Wert ist pauschal, hängt aber natürlich erheblich vom Nutzerverhalten ab.

Sollte dieser Wert signifikant vom tatsächlichen Bedarf des Modellbauwerks abweichen, sollte dargestellt werden, durch welche Maßnahmen diese Abweichungen erreicht wurden (beispielsweise mit einer Solarthermieanlage).

13.6 Ermittlung des CO_2-Fußabdrucks (Treibhauspotenzial GWP)

Der CO_2-Fußabdruck ist ein eindimensionaler Ansatz der Ökobilanzierung, der die Klimawirkungen menschlicher Aktivitäten betrachtet[1]. Die Berechnung des Treibhauspotenzials erfolgt in Anlehnung an die Berechnung der grauen Energie. Das heißt, das Treibhauspotenzial eines Gebäudes entspricht der Summe der entsprechenden Werte aller Bauteile, also auch jener, die nach Ablauf der jeweiligen

1 Definition nach http://wirtschaftslexikon.gabler.de/Definition/co2-fussabdruck.html, 11.02.2012

Nutzungsdauer als Ersatz hinzukommen. Ebenso ist der Aufwand für den Rückbau des Gebäudes zur grauen Energie zuzurechnen. In den CO_2-Fußabdruck gehen die Treibhausgasemissionen im Betrieb explizit nicht in die Berechnung ein. Für eine ganzheitliche ökologische Betrachtung über den Lebenszyklus des Gebäudes hinweg müssen folglich die Treibhausgasemissionen während des Betriebs separat ermittelt und in die Gesamtbilanzierung eingebracht werden.

Derzeit ist es sehr schwierig, die Treibhauspotenzialdaten aller Baustoffe und Bauteile zu ermitteln. Die vorhandenen Datenbanken haben diesbezüglich noch große Lücken. Sollten EPDs zu den jeweiligen Baustoffen oder Bauteilen vorhanden sein, sind die Daten den EPDs zu entnehmen.

Da es aber bei Weitem nicht für alle Baustoffe und Bauteile Ökobilanzierungen wie EPDs gibt, muss man sich gegebenenfalls den Werten annähern. Dabei spielen vor allem die Bilanzierungsgrenzen eine Rolle. Sollen die thermische Verwertung, der Abriss und die Deponierung zusätzlich zu Herstellung und Bau mit bilanziert werden? Außerdem ist es notwendig zu wissen, welcher Energieträger für die Produktion des jeweiligen Baustoffes verwendet wurde (z.B. hat elektrischer Strom einen ca. doppelt so großen CO_2-Emissionsfaktor wie Erdgas). Es ist auch wichtig zu definieren, ob Holz als CO_2-neutral (und somit nicht aufgeführt wird) oder als Speicher für CO_2 (was zu einer negativen CO_2-Bilanz führen kann) bewertet wird.

Wenn bei der Ermittlung des Treibhauspotenzials nicht auf Ökobilanzierungen oder fundierte Werte zurückgegriffen werden kann, ist es wichtig zu dokumentieren, wie die Werte ermittelt wurden.

Im Folgenden werden Ihnen einige Modellbauwerke in Form von Profilblättern vorgestellt:

Name	**Typ**	**Architekten**	**Standort**
e3 Siebengeschosser aus Holz	Wohngebäude	Kaden und Klingbeil	Berlin
Bürogebäude der Freudenberg Haushaltsprodukte KG	Bürogebäude	Peter Kuhn	Weinheim
living EQUIA	(experimentelles) Wohngebäude	Projektbeitrag Solar Decathlon Europe 2010	Berlin (versetzbar)
Voll-Were-Haus »Modern-Living«	Wohngebäude	Prof. Hans-Georg Stotz	Villingen

Tabelle 15: Übersicht der Modellbauwerke

13.7 e3 Berlin – Siebengeschosser aus Holz (Architekturbüro Kaden und Klingbeil)

e3 Berlin – Siebengeschossiges Wohnhaus in Berlin

Architekten: Tom Kaden, Tom Klingbeil

Heizwärmebedarf	16 kWh/ (m²·a)	Strombedarf	7,8 kWh/ (m²·a)	Warmwasserbedarf	12,5 kWh/ (m²·a)
Graue Energie	--- kWh/ (m²·a)	Konstruktion	Holzbau	Baujahr	2007
CO_2-Fußabdruck	--- kg CO_2	Luftdichtheit	n_{50} = 0,58/h	Gesamtenergie	36,3 kWh/(m²·a)

	Außenwand	Dach	Bodenplatte	Fensterrahmen	Verglasung	Eingangstür
U-Werte [W/(m²·K)]	0,189	0,186	0,438	1,78	1,10	1,10

Dach:

- extensive Begrünung, Substrat 20 mm
- Ausgleichs-/Pufferschicht 70 mm
- Speicherschutzmatte
  Polypropylen
- Drainage- und Wasserspeicher 30 mm
- Trenn-/Schutzmatte 3 mm
- Abdichtung
  Polymerbitumenschweißbahn 3 mm
- Wurzelschutzbahn 1,5 mm
- Glasgewebe-Bitumenbahn 2 mm
- Dämmung:
  Mineralwolle 200 mm
- Trennlage 2 mm
- Holzbetonverbunddecke:
  Stahlbeton 100 mm
  Brettstapeldecke 160 mm
- **Summe** **591,5 mm**

Außenwand:

- Putz mineralisch 8 mm
- Dämmung:
  Steinwolle 100 mm
- Gipsfaserplatte 12,5 mm
- Massivholzwand 160 mm
- Gipsfaserplatte 2x 18 mm
- **Summe** **316,5 mm**

Bodenplatte:

- Parkett 18 mm
- Zementestrich 45 mm
- Heizträgerplatte Polystyrol 30 mm
- Trittschalldämmung 20 mm
- Holzbetonverbunddecke:
  Stahlbeton 100 mm
  Brettstapeldecke 160 mm
- **Summe** **373 mm**

Fenster:

- Holzfenster mit Isolierverglasung, U=1,1 W/(m²·K)

Heizung/ Warmwasser:

- Fernwärmenetz

Sonstiges:

- KfW40 Standard
- Kontrollierte Be- und Entlüftung

SUSTAINUM Institut für zukunftsfähiges Wirtschaften Berlin
Tel.: 030 2345 7496 Fax: 030 2345 7497
Email: info@sustainum.de
http://www.gutebaustoffe.de/modellbauwerke.html

Abbildung 82: Profilblatt e3

13.8 Bürogebäude der Freudenberg Haushaltsprodukte KG (Architekt: Peter Kuhn)

Bürogebäude der Freudenberg Hausprodukte KG

Architekt: Peter Kuhn

Heizwärmebedarf	48,9 kWh/ (m²·a)	Strombedarf	30,2 kWh/ (m²·a)	Warmwasserbedarf	4,2 kWh/ (m²·a)
Graue Energie	16 kWh/ (m²·a)	Konstruktion	Massivbau	Baujahr	**2008**
CO_2-Fußabdruck	439.000 kg CO_2	Luftdichtheit	n_{50} = 1,0/h	Gesamtenergie	99,3 kWh/ (m²·a)

	Außenwand	Dach	Boden	Fensterrahmen	Verglasung	Eingangstür
U-Werte [W/(m²·K)]	0,129	0,129	0,267	U_w 0,9	0,7	1,3

Dach:

- Foliendach
- Wärmedämmung min. 150 bis 280 mm
- **Summe 280 mm**

Außenwand:

- Klinker Fassadenriemchen 15 mm
- Dämmung 240 mm
- Stahlbetonwand 300 mm
- **Summe 555 mm**

Boden EG:

- Kautschukbelag 5 mm
- Estrich 96 mm
- Trittschalldämmplatte 38 mm
- Wärmedämmplatte 60 mm
- Dampfsperre 1 mm
- Stahlbetonplatte 250 mm
- **Summe 450 mm**

Fenster:

- Dreifach-Isolierverglasung

Heizung/Warmwasser:

- Fernwärme / Bauteilaktivierung

Sonstiges:

- Primärenergieverbrauch 100 kWh/(m²a)
- DGNB Silber

SUSTAINUM Institut für zukunftsfähiges Wirtschaften Berlin
Tel.: 030 2345 7496, Fax: 030 2345 7497
Email: info@sustainum.de
http://www.gutebaustoffe.de/modellbauwerke.html

Abbildung 83: Profilblatt des Bürogebäudes der Freudenberg Hausprodukte KG

13.9 »living EQUIA«-Hausprojekt vom Solar Decathlon Europe 2010

living Equia Hausprojekt vom Solar Decathlon Europe 2010

Architekten: Projekt von Studenten von drei Berliner Hochschulen

Heizwärmebedarf	23,4 kWh/ (m²·a)	Strombedarf	59,5 kWh/ (m²·a)	Warmwasserbedarf	20,5 kWh/ (m²·a)
Graue Energie	63,82 kWh/ (m²·a)	Konstruktion	Holzbau	Baujahr	2010
CO_2-Fußabdruck	~ 65.000 kg CO_2	Luftdichtheit	n_{50} = 0,1 /h	Gesamtenergie	167,22 kWh/ (m²·a)

	Außenwand	Dach	Boden	Fensterrahmen	Verglasung	Eingangstür
U-Werte [W/(m²·K)]	0,134	0,138	0,124		0,75	0,8

Dach:

- Lehmputz 3 mm
- Lehmbauplatte 22 mm
- Lenotec 125 mm
- Dämmung (Holzwolle) 240 mm
- Lattung 40 mm
- Dachlattung 30 mm
- Wellblech 20 mm
- Aufständerung / Luftraum 50 mm
- Fassade/PV 20 mm
- **Summe 550 mm**

Außenwand:

- Lehmputz 3 mm
- Lehmbauplatte 22 mm
- Lenotec (KIL) 81 mm
- Holzwolle zw. FJI 240 mm
- Holzweichfaserplatte imprägniert 18 mm
- Lattung 50 mm
- Konterlattung 60 mm
- Lärchenholzplatte 27 mm
- **Summe 501 mm**

Bodenplatte:

- Kautschuk Belag 3,5 mm
- OSB Platten 18 mm
- trittfeste Holzdämmung 40 mm
- OSB Platten 18 mm
- Modul-Holzrahmen gedämmt 240 mm
- Holzweichfaserplatte imprägniert 18 mm
- **Summe 337,5 mm**

Fenster:

Fenster:

- g-Wert 41% (0,41)

Heizung/Warmwasser:

- Solarthermieanlage (~8m²)
- reversible Wärmepumpe
- Heiz- / Kühldecke
- Heizkörper im Bad

Sonstiges:

- PV Dach 4,59 kWp
- PV Verschattung 1,1 kWp
- Ertrag vs. Verbrauch übers Jahr
  Madrid : 8300 kWh vs. 4200 kWh
  Berlin : 5300 kWh vs. 4400 kWh
- PCM als Zuschlagsstoff in den Lehmbauplatten

SUSTAINUM Institut für zukunftsfähiges Wirtschaften Berlin
Tel.: 030 2345 7496, Fax: 030 2345 7497
Email: info@sustainum.de
http://www.gutebaustoffe.de/modellbauwerke.html

Abbildung 84: Profilblatt des »living EQUIA«-Hausprojektes

13.10 Voll-Were-Haus »Modern-Living« in Villingen (Architekt: Prof. Hans-Georg Stotz)

Voll-Were-Haus „Modern-Living" in Villingen

Architekt: Professor Hans-Georg Stotz

Heizwärmebedarf	46,1 kWh/ (m^2·a)	Strombedarf	kWh/ (m^2·a)	Warmwasserbedarf	12,5 kWh/(m^2·a)
Graue Energie	--- kWh/ (m^2·a)	Konstruktion	Holztafelbau	Baujahr	**2006**
CO_2-Speicherung	59.000 kg CO_2	Luftdichtheit	n_{50} = 1,1 /h	Gesamtenergie	kWh/(m^2·a)

	Außenwand	Dach	Boden	Fensterrahmen	Verglasung	Eingangstür
U-Werte [W/(m^2·K)]	0,17	0,25	0,49	1,4	0,8	1,1

Dach:

- Abdichtfolie
- Spanplatte V100 25 mm
- Konterlattung ∅ 50 mm
- DWD-Platte 16 mm
- Sparren/Dämmung 220 mm
- X und E-Platte (Elektrosmog-Schutzebene) 12,5 mm
- **Summe** **324 mm**

Außenwand:

- Innenverkleidung 50 mm
- Dämmung:
  Hobelspäne 290 mm
- Fassade:
  Lärche Schalung 60 mm
- **Summe** **400 mm**

Boden:

- Bodenplatte 200 mm
- Dämmung 60 mm
- Estrich 50 mm
- Bodenbelag 10 mm
- **Summe** 320 **mm**

Fenster:

- 3-fach-verglaste Fenster
  U-Wert 1,1 W/m^2K

Heizung/Warmwasser:

- Holzpelletheizung
- Thermische Solaranlage
- Fußbodenheizung

Sonstiges:

- Primärenergiebedarf
  28,5 kWh/ (m^2·a)

SUSTAINUM Institut für zukunftsfähiges Wirtschaften Berlin
Tel.: 030 2345 7496, Fax: 030 2345 7497
Email: info@sustainum.de
http://www.gutebaustoffe.de/modellbauwerke.html

Abbildung 85: Profilblatt des Voll-Were-Hauses »Modern-Living« in Villingen

13.11 LichtAktiv-Haus (Velux Deutschland GmbH)

LichtAktiv-Haus (Velux Deutschland GmbH)

Heizwärmebedarf	63,2 kWh/ (m²·a)	Strombedarf (Strom-Mix)	18,8 kWh/ (m²·a)	Warmwasserbedarf	26,5 kWh/ (m²·a)
Graue Energie	19,01 kWh/ (m²$_{NGF}$·a)	Konstruktion	Holzrahmen (Neubau),Mauerwerk (Altbau)	Baujahr	2010
CO_2-Fußabdruck	30,9 kg CO_2/(m²a) Emission 31,1 kg CO_2/(m²a) Kompensation	Luftdichtheit	n_{50}= 1,5 (1 /h)	Gesamtenergie	108,4 kWh/ (m²·a)

	Außenwand	Dach	Boden	Fensterrahmen	Verglasung	Eingangstür
U-Werte [W/(m²·K)]	0,17 (Altbau), 0,13 (Neubau)	0,14, 0,12	0,31-0,41, 0,12	1,2, 1,0-1,5	1,31	1,8

Dach:
Altbau:

Dachbedeckung (Eternit)	
Gipskartonplatten	12,5 mm
PE Folie 900	0,2 mm
Konstruktionsholz	120 mm
Holzfaserdämmstoff	120 mm
Konstruktionsholz	24 mm
Bitumen Membran/Bahn	0,02 mm
Holzfaserdämmstoff	140 mm
Unterspannbahn	1 mm
SUMME:	**417,7**

Neubau:

Gipskartonplatten	12,5mm
OSB-Platte	18 mm
Samavap 2000 E	0,23 mm
Mineralwolle 035	240 mm
Konstruktionsholz	240 mm
Homathermplatte HDP-Q11	40 mm
Holzfaserdämmstoff	20 mm
Konstruktionsholz	20 mm
Dachabdichtungen Samafil	2 mm
Luftschicht – stark belüftet	20 mm
Glas	4 mm
SUMME:	**615,2 mm**

Außenwand:
Altbau:

Putzmörtel	10 mm
Mauerwerk KS-Stein 1800	240 mm
Expandierter Polystyrolschaum EPS 035	200 mm
Putzmörtel	10 mm
SUMME:	**460 mm**

Neubau:

Gipskartonplatte	12,5 mm
PE-Folie	0,2 mm
Mineralwolle 035	40 mm
OSB-Platte	18 mm
Mineralwolle 035	200 mm
Konstruktionsholz	200 mm
Homathermplatte-Q11	80 mm
Konstruktionsholz	80 mm
Folie	0,02 mm
Luftschicht stark belüftet	30 mm
Glas	5 mm
SUMME:	**665,7**

Bodenplatte / Bodenkonstruktion:
Altbau:

Parkett	15 mm
Zementstrich	35 mm
PE-Folie reißfest	4 mm
PUR Fußboden-Dämmplatte	70 mm
Trennlage	0,2 mm
Stahlbeton	100 mm
SUMME:	**224,2 mm**

Neubau :

Zementstrich	75 mm
PE-Folie	0,2 mm
Schaumglas WLG 040	121 mm
Stahlbeton	250 mm
PE-Folie	0,2 mm
Extrudierter Polystyrolschaum XPS 035	180 mm
Summe	**626,4 mm**

Fenster:
Altbau:
Fassadenprofile mit 2-fach Wärmeschutz-Isolierverglasung
g-Wert: 0,49-0,60

Neubau:
Fenster mit Dreifachverglasung
g-Wert: 0,45-0,50

Heizung/Warmwasser:
„Energiedach" – 22,5 m² große Solarthermieanlage auf dem Erweiterungsbau
Luft-Wasser-Wärmepumpe(deckt den Großteil des Bedarfs an Heizwärme und Warmwasser)
Fußbodenheizung

Sonstiges:
PV Module auf dem Erweiterungsbau (75 m²) – 94,1 kWh/ m²a) 8,8kWp (7060 kWh/a)
Ertrag vs. Verbrauch übers Jahr: 0 kWh

SUSTAINUM Institut für zukunftsfähiges Wirtschaften Berlin Email: info@sustainum.de
Tel.: 030 2345 7496, Fax: 030 2345 7497 http://www.gutebaustoffe.de/modellbauwerke.html

Abbildung 86: Profilblatt des LichtAktiv-Hauses (Velux Deutschland GmbH)

14 Zum Ausklang

Wenn wir unsere Häuser intelligent bauen, können wir damit in einem großen Maß zum Klimaschutz beitragen. Das ist eine Binsenweisheit – aber nicht nur. Wird die graue Energie in die Planung und Realisierung von Gebäuden mit einbezogen, eröffnen sich Möglichkeiten für eine Energieeinsparung, die weit über jene eines gut wärmegedämmten Hauses hinausgehen. Dies geschieht bislang aber kaum.

Werden die Baumaterialien unter dem Blickwinkel der grauen Energie ausgewählt und wird ein aus gesamtenergetischer Sicht stimmiges Verhältnis von Dämmmaßnahmen zu aktiven Energiesystemen gesucht und umgesetzt, dann kann ein solches nachhaltiges Bauen große Beiträge zu den angestrebten CO_2-Reduzierungen leisten. Dabei ist es keine Frage, ob diese Möglichkeit genutzt wird oder nicht. Uns bleibt keine Wahl! Rund um die Welt arbeiten Wissenschaftler daran, das klimaverträgliche Maß der CO_2-Einsparungen zu ermitteln. Eine Einsparung von 80 % bis 2050 im Vergleich zu der CO_2-Emissionsrate in 1990 ist ein inzwischen international anerkanntes Ziel.

So, wie es aussieht, können wir noch darauf hoffen, bis zur Halbzeit in 2020 die ersten 40 % zu schaffen – zumindest in einigen der hoch industrialisierten Länder. Die zweiten 40 % erfordern allerdings deutlich mehr Anstrengung und davon die letzten 10 % unvergleichlich mehr an Engagement. Das macht deutlich, wie notwendig es ist, dass wir endlich anfangen, intensiver und genauer über die Handlungsspielräume nachzudenken, die wir haben.

Dabei können wir dann natürlich nicht stehen bleiben. Die Erkenntnisse, die die Autoren dieses Buches vermittelt haben, erfordern ein Handeln auf mehreren Ebenen. Zum Beispiel steckt derzeit die flächendeckende Bereitstellung von Informationen zur Umweltwirkung von Gebäuden noch in den Kinderschuhen. Will der Planer die Potenziale eines klimagerechten Bauens ausschöpfen, braucht er unkomplizierten und umfassenden Zugang zu den einschlägigen Informationen. Durch internetbasierte Datenbanken, durch die Etablierung von Umweltdeklarationen wie EPDs und der Weiterentwicklung von Umwelt-Labels kann und muss die Transparenz bezüglich der Umweltwirkung von Baustoffen und Bauwerken erhöht werden.

Dank der Förderung durch die Deutsche Bundestiftung Umwelt konnte im Rahmen des Projekts »GENET« unter *www.gutebaustoffe.de* eine Informationsplattform aufgebaut werden, die wichtige Orientierungshilfen gibt (siehe Kapitel 12). Damit ist ein Anfang gemacht – ein Anfang. Die Verantwortlichen in Politik und Wirtschaft müssen Weichen stellen und die Planer im Bauhandwerk müssen die neuen Strecken auch nutzen – hoffen wir das Beste.

Abbildungsverzeichnis